世界实用新型专利运用指南

SHIJIE SHIYONG XINXING ZHUANLI YUNYONG ZHINAN

曲淑君 ◎ 主编

知识产权出版社
全国百佳图书出版单位

图书在版编目（CIP）数据

世界实用新型专利运用指南/曲淑君主编. —北京：知识产权出版社，2019.6
ISBN 978-7-5130-6265-7

Ⅰ.①世… Ⅱ.①曲… Ⅲ.①专利—研究—世界 Ⅳ.①G306.71

中国版本图书馆 CIP 数据核字（2019）第 097860 号

内容提要

本书基于世界知识产权组织和各国（地区）知识产权管理机构最新公布的实用新型相关法律法规，从立法、审查和保护等多个方面统计分析了世界各国（地区）实用新型总体状况。结合从各个国家和地区知识产权代理行业获取的实践信息，分国别（地区）详细介绍了 29 个世界主要国家和地区的实用新型专利申请要求及保护建议。本书希望帮助创新主体合理利用世界各国（地区）的实用新型专利来保护发明创造成果，亦可对知识产权相关研究提供数据和信息参考。

责任编辑：黄清明 韩 冰	责任校对：谷 洋
封面设计：邵建文 马倬麟	责任印制：刘译文

世界实用新型专利运用指南
曲淑君 主编

出版发行：知识产权出版社有限责任公司	网 址：http://www.ipph.cn
社 址：北京市海淀区气象路 50 号院	邮 编：100081
责编电话：010-82000860 转 8117	责编邮箱：hqm@cnipr.com
发行电话：010-82000860 转 8101/8102	发行传真：010-82000893/82005070/82000270
印 刷：北京嘉恒彩色印刷有限责任公司	经 销：各大网上书店、新华书店及相关专业书店
开 本：720mm×1000mm 1/16	印 张：15
版 次：2019 年 6 月第 1 版	印 次：2019 年 6 月第 1 次印刷
字 数：215 千字	定 价：69.00 元

ISBN 978-7-5130-6265-7

出版权专有　侵权必究
如有印装质量问题，本社负责调换。

本书编委会

主　编：曲淑君

副主编：韩爱朋　李　辉

编　委：朱广玉　冯媛媛　党晓林　李建忠

撰稿人：刘　凯　李锋祥　李　硕　张　帆　凌　云
　　　　　林　洁　王　丽　蒋鹤鸣　程　钰　王晓宁
　　　　　王　欢　赵萌萌　周广才　李　扬　陈文倩
　　　　　李心宇　黄纶伟　黄志坚　蔡丽娜　欧阳琴
　　　　　韩中领　王青芝　游　雷　师　玮　孙东喜
　　　　　马芸莎　刘久亮　皇甫悦　赵　鹏　张美芹
　　　　　付　林　邓　毅　庞东成　张志楠　褚瑶杨
　　　　　王　曦　王　锴　金　玲　韩嫚嫚　周晓飞
　　　　　孙乳笋

前 言

目前，世界上有120个国家和地区具有实用新型制度。为了进一步帮助我国创新主体合理利用世界各国（地区）的实用新型专利来保护发明创造成果，国家知识产权局专利局实用新型审查部组织人员收集整理了世界各国（地区）实用新型法律法规，并邀请知识产权领域专家编写了本书，对各国（地区）实用新型制度总体状况进行介绍，指导创新主体在境外各国家和地区运用实用新型专利。

本书基于世界知识产权组织和各国（地区）知识产权管理机构最新公布的实用新型相关法律法规，从立法、审查和保护等多个方面统计分析了世界实用新型总体状况。结合从各个国家和地区知识产权代理行业获取的实践信息详细介绍了世界主要国家和地区的实用新型专利申请要求及保护建议。

国家知识产权局专利局实用新型审查部于2017年年底开始筹备本书的编写工作，书中大量的数据和信息来源于实用新型审查部历年对世界实用新型专利的研究积累。本书在编写过程中还得到了北京三友知识产权代理有限公司的大力支持。三友公司凭借遍布世界各地的业务网络和涉外专利代理方面的丰富经验，向境外合作专利事务所发放问卷，组织一批资深代理人结合代理实践参与了撰写工作。此外，本书在编写过程中也得到了各方的支持和协助，在此一并表示衷心的感谢。

考虑到知识产权制度和实践的变动是一种常态，加之信息来源和语种的限制等各种因素，本书还有诸多疏漏和不足。敬请读者提出宝贵意见，同时，也建议希望在境外运用实用新型专利的读者在实践中提前请教熟悉目的地相关法律法规的专业人士和机构。

编　者

目录

▶ 第一章 世界实用新型专利总体状况　　001

第一节　数量及分布 ……………………………… 001
第二节　立法情况 ………………………………… 002
第三节　审查方式 ………………………………… 003
第四节　保护客体 ………………………………… 004
第五节　保护期限 ………………………………… 005
第六节　新颖性和创造性 ………………………… 007
第七节　评价报告 ………………………………… 008

▶ 第二章 我国周边国家和我国港澳台地区实用新型专利　　010

第一节　阿拉伯联合酋长国实用证书 …………… 010
第二节　阿曼实用新型 …………………………… 018
第三节　阿塞拜疆实用新型 ……………………… 024
第四节　俄罗斯实用新型 ………………………… 031
第五节　菲律宾实用新型 ………………………… 038
第六节　格鲁吉亚实用新型 ……………………… 045

第七节　马来西亚实用创新 …………………………… 052

第八节　蒙古国实用新型 ……………………………… 060

第九节　泰国小专利 …………………………………… 069

第十节　乌兹别克斯坦实用新型 ……………………… 075

第十一节　越南实用方案 ……………………………… 081

第十二节　韩国实用新型 ……………………………… 087

第十三节　日本实用新案 ……………………………… 097

第十四节　中国香港短期专利 ………………………… 106

第十五节　中国澳门实用专利 ………………………… 116

第十六节　中国台湾新型专利 ………………………… 126

▶第三章　世界其他主要国家实用新型专利　　135

第一节　澳大利亚革新专利 …………………………… 135

第二节　德国实用新型 ………………………………… 144

第三节　古巴实用新型 ………………………………… 152

第四节　葡萄牙实用新型 ……………………………… 158

第五节　委内瑞拉改进专利 …………………………… 164

第六节　西班牙实用新型 ……………………………… 170

第七节　意大利实用新型 ……………………………… 179

第八节　埃及实用新型 ………………………………… 185

第九节　白俄罗斯实用新型 …………………………… 191

第十节　保加利亚实用新型 …………………………… 198

第十一节　摩尔多瓦短期专利 ………………………… 207

第十二节　乌克兰实用新型 …………………………… 214

第十三节　匈牙利实用新型 …………………………… 220

第一章
世界实用新型专利总体状况

对世界上202个国家、地区或组织的知识产权相关制度进行调查发现，截至2017年年底，世界上一共有120个国家和地区具有实用新型制度（或类似制度）。依据现行的实用新型相关法律法规，本章重点从实用新型分布、立法情况、审查方式、保护客体、保护期限、新颖性和创造性、评价报告等方面着手，分析研究世界实用新型制度。

第一节 数量及分布

德国于1891年颁布实施了《实用新型保护法》，是世界公认的第一部实用新型法，至今有120余年的历史。作为知识产权保护制度的一部分，实用新型制度以其授权程序简单、审批周期短等自身独有的特点对促进技术创新、社会经济进步起到了不可或缺的作用，因而在世界上得到了比较广泛的应用。

在120个国家和地区中，有93个国家或地区有本国或本地区的实用新型制度，另外27个国家分别作为非洲地区工业产权组织（ARIPO）和非洲知识产权组织（OAPI）的成员方引入实用新型制度。上述27个国家中，非洲地区工业产权组织包含10个国家，分别为：利比里亚、纳米比亚、塞拉利昂、索马里、苏丹、斯威士兰、坦桑尼亚、卢旺达、赞比亚、津巴布韦，非洲知识产权组织包含 17 个国家，即其所有成员方。值得注意的是，非洲地区工业产权组织的其余 9 个成员国还具有本国的实用新型制度。

上述 93 个具有本国实用新型制度的国家或地区覆盖了六大洲，如图 1-1 所示。其中亚洲和欧洲数量最多，均为 26 个，北美洲有 15 个，非洲有 14 个，南美洲有 10 个，大洋洲有 2 个。如果考虑上述通过参加非洲地区工业产权组织和非洲知识产权组织而引入实用新型制度的数据，则非洲共有 41 个国家具有实用新型制度。

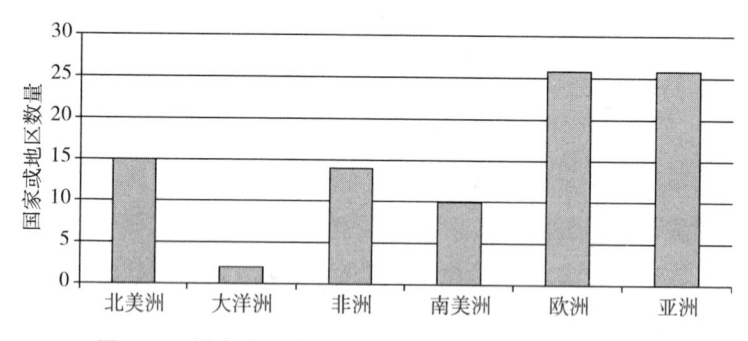

图 1-1 具有实用新型制度的国家或地区的地理分布

第二节 立法情况

各国（或地区）的实用新型立法情况可分为单独立法和非单独立法两类。经统计，在已知的 93 个国家或地区和 2 个组织的实用新型立法情况中，80 个国家或地区和 2 个组织的实用新型是非单独立法，只有 11 个国家的实用新型是单独立法，分别是：爱沙尼亚、奥地利、丹麦、德国、芬兰、韩国、捷克、罗马尼亚、日本、斯洛伐克、匈牙利。

第三节　审查方式

在分析上述93个国家或地区和2个组织的相关信息数据的基础上，获得了84个国家或地区和2个组织的审查方式相关信息，可归纳出8类审查方式，分别为：形式审查制、初步审查制、实质审查制、形式审查制+评价报告（或类似制度）、形式审查制+异议制、形式审查制+请求实审、初步审查制+评价报告、初步审查制+请求实审，具体见表1-1，其中将检索报告、现有技术报告、专家报告、技术评价报告、检索服务均归类于评价报告类似制度。各种审查方式所对应的国家或地区名称见表1-2。

表1-1　不同国家或地区实用新型审查方式情况

审查方式	国家数量
形式审查制	35
实质审查制	19
形式审查制+检索报告	9
初步审查制	5
形式审查制+异议制	5
形式审查制+强制检索报告	2
形式审查制+请求实审	3
形式审查制+现有技术报告	2
初步审查制+请求实审	1
初步审查制+强制检索报告	1
初步审查制+评价报告	1
形式审查制+专家报告	1
形式审查制+技术评价报告	1
形式审查制+检索服务	1
总计	86

表1-2 不同国家或地区实用新型审查方式的分布情况

形式审查制	阿根廷、阿曼、埃及、埃塞俄比亚、爱沙尼亚、安哥拉、波兰、伯利兹、博茨瓦纳、丹麦、多米尼加、菲律宾、冈比亚、哈萨克斯坦、加纳、柬埔寨、捷克、肯尼亚、莱索托、蒙古国、莫桑比克、墨西哥、尼加拉瓜、萨尔瓦多、塞舌尔、圣多美和普林西比、圣文森特和格林纳丁斯、汤加、特立尼达和多巴哥、乌干达、乌克兰、乌拉圭、希腊、亚美尼亚、中国香港
实质审查制	阿拉伯联合酋长国、阿尔巴尼亚、阿塞拜疆、爱尔兰、安提瓜和巴布达、布隆迪、俄罗斯、格鲁吉亚、哥斯达黎加、韩国、老挝、马来西亚、摩尔多瓦、斯洛伐克、危地马拉、意大利、印尼、越南、中国澳门
形式审查制+评价报告	奥地利、巴拿马、保加利亚、德国、厄瓜多尔、法国、非洲知识产权组织、芬兰、佛得角、罗马尼亚、秘鲁、日本、塞尔维亚、土耳其、西班牙、中国台湾
初步审查制	巴西、白俄罗斯、斯洛文尼亚、乌兹别克斯坦、匈牙利
形式审查制+异议制	巴林、波黑、古巴、克罗地亚、委内瑞拉
形式审查制+请求实审	澳大利亚、非洲地区工业产权组织、葡萄牙
初步审查制+评价报告	智利、中国
初步审查制+请求实审	泰国

注：本书所称形式审查，是指仅对形式缺陷进行审查；所称初步审查，是指对形式缺陷和部分实质性缺陷进行审查，但不进行现有技术检索；所称实质审查，是指通过现有技术检索对新颖性和/或创造性进行审查。异议是指实用新型核准注册后，对该实用新型提出不同意见，请求撤销该实用新型注册的程序。评价报告（或类似报告）是指报告出具方通过现有技术检索，至少对实用新型的新颖性、创造性和实用性做出评价的一种具有法律意义的文件。

第四节 保护客体

在分析上述93个国家或地区和2个组织相关信息数据的基础上，获得了89个国家或地区和2个组织的保护客体相关信息，可归纳为3类，分别为：产品及方法、具有形状构造的产品、所有产品，具体情况见表1-3。当然，很多国家或地区的实用新型相关法律法规对其保护客体还进行了更具体的限制，如将科学发现、材料变化和要素变更、化学物质及其应用或制备、医药、材料、美学特征、科学理论和数学方法、智力活动规则、信息再现、生物技术发明、动植物品种、平面产品等排除在保护客体之外。

表1-3 不同国家或地区实用新型保护客体分布情况

产品及方法（43）	具有形状构造的产品（39）	所有产品（9）
阿拉伯联合酋长国、阿鲁巴、埃及、埃塞俄比亚、爱尔兰、爱沙尼亚、安提瓜和巴布达、奥地利、澳大利亚、巴林、波黑、伯利兹、布隆迪、多米尼克、法国、菲律宾、芬兰、冈比亚、格鲁吉亚、哈萨克斯坦、加纳、柬埔寨、克罗地亚、莱索托、老挝、马来西亚、蒙古国、摩尔多瓦、葡萄牙、塞舌尔、圣文森特和格林纳丁斯、斯洛伐克、泰国、汤加、特立尼达和多巴哥、委内瑞拉、乌克兰、乌兹别克斯坦、亚美尼亚、也门、印尼、越南、中国香港	阿根廷、阿塞拜疆、安哥拉、巴拉圭、巴拿马、巴西、白俄罗斯、保加利亚、波兰、玻利维亚、博茨瓦纳、多米尼加、厄瓜多尔、俄罗斯、非洲地区工业产权组织、非洲知识产权组织、哥伦比亚、哥斯达黎加、古巴、韩国、洪都拉斯、罗马尼亚、秘鲁、莫桑比克、墨西哥、尼加拉瓜、日本、萨尔瓦多、塞尔维亚、危地马拉、乌拉圭、西班牙、希腊、匈牙利、意大利、智利、中国、中国澳门、中国台湾	阿尔巴尼亚、阿曼、丹麦、德国、捷克、肯尼亚、斯洛文尼亚、土耳其、乌干达

注：本书所称"产品及方法"，是指除实用新型相关法律法规中明确规定不予保护的对象以外的所有产品、工艺和方法，与发明专利的保护客体相同；所称"具有形状构造的产品"，是指除实用新型相关法律法规中明确规定不予保护的对象以外，对产品的形状、构造或其结合进行改进的产品，材料、组分不在保护之列；所称"所有产品"，是指除实用新型相关法律法规中明确规定不予保护的对象以外的所有产品，包括材料、组分等。

第五节 保护期限

在上述93个国家或地区和2个组织中，获得了90个国家或地区和2个组织的保护期限相关信息，具体见表1-4。47个国家或地区的实用新型保护期限为10年且不可延长，其中奥地利的保护期限起算日期为申请日当月最后一天，肯尼亚的保护期限起算日期为授权日；印尼、乌拉圭、韩国、阿拉伯联合酋长国、马来西亚这5个国家的实用新型保护期限为10年且可延长；13个国家或地区的实用新型保护期限为7年且不可延长；5个国家或地区的实用新型保护期限为6年且可延长至10年；2个国家或地区的实用新型保护期限为6年且不可延长；5个国家或地区的实用新型保护期限为15年且不可延长；非洲地区工业产权组织和非洲知识产权组织的实用新型保护期限均为10年且不可延长。汇总上述已知数据可知，实用新型保护期限可延长的国家或地区共有20个。

表1-4 不同国家或地区实用新型保护期限情况

保护期限	国家或地区数量汇总
10年	47
7年	13
6年，可延长至10年	5
15年	5
10年，可延长至15年	3
6年	2
8年	3
4年，可延长至10年	2
5年，可延长至10年	3
10年（授权之日起算）	1
10年，可延长至12年	1
10年，可延长至20年	1
10年（申请当月月末起算）	1
4年，可延长至8年	1
5年，可延长至8年	3
3年，可延长至10年	1
总计	92

第六节 新颖性和创造性

不同国家和地区的实用新型制度，对新颖性和创造性往往有不同的要求。在上述93个国家或地区和2个组织中，获得了86个国家或地区和2个组织的新颖性和创造性相关信息，具体见表1-5。尽管莫桑比克实用新型不对新颖性做要求，但其却要求具备绝对创造性，则其必然要求具备绝对新颖性。

表1-5 不同国家或地区实用新型新颖性和创造性要求情况

新颖性和创造性要求	数量	国家或地区
绝对新颖性	29	埃及、爱沙尼亚、安提瓜和巴布达、波兰、伯利兹、丹麦、多米尼克、俄罗斯、菲律宾、芬兰、哥伦比亚、洪都拉斯、加纳、柬埔寨、克罗地亚、肯尼亚、罗马尼亚、马来西亚、尼加拉瓜、萨尔瓦多、圣文森特和格林纳丁斯、泰国、汤加、特立尼达和多巴哥、乌干达、乌克兰、亚美尼亚、也门、越南
绝对新颖性，绝对创造性	24	阿鲁巴、阿曼、奥地利、巴拉圭、巴林、巴拿马、保加利亚、波黑、布隆迪、多米尼加共和国、法国、佛得角、哥斯达黎加、古巴、墨西哥、葡萄牙、日本、塞尔维亚、斯洛伐克、斯洛文尼亚、危地马拉、委内瑞拉、印尼、中国澳门
绝对新颖性，较低创造性	16	阿拉伯联合酋长国、阿尔巴尼亚、爱尔兰、澳大利亚、巴西、厄瓜多尔、韩国、摩尔多瓦、乌拉圭、西班牙、匈牙利、意大利、智利、中国、中国台湾、中国香港
相对新颖性	12	阿根廷、阿塞拜疆、埃塞俄比亚、白俄罗斯、冈比亚、哈萨克斯坦、莱索托、蒙古国、圣多美和普林西比、土耳其、乌兹别克斯坦、希腊
相对新颖性，绝对创造性	2	德国、塞舌尔
本国新颖性	2	非洲地区工业产权组织、非洲知识产权组织
本国新颖性，较低创造性	2	格鲁吉亚、老挝
绝对创造性	1	莫桑比克
总计	88	

注：本书所称"绝对新颖性"，是指相对于国内外出版公开和使用公开的现有技术具备新颖性；所称"相对新颖性"，是指相对于国内外出版公开和国内使用公开的现有技术具备新颖性；所称"本国新颖性"，是指相对于本国或本地区内出版公开和使用公开的现有技术具备新颖性；所称"绝对创造性"，是指相对于国内外出版公开和使用公开的现有技术具备创造性，创造性高度与发明专利相同；所称"较低创造性"，是指相对于国内外出版公开和使用公开的现有技术具备创造性，创造性高度相对于发明专利较低；所称"相对创造性"，是指相对于国内外出版公开和国内使用公开的现有技术具备创造性，创造性高度与发明专利相同。

由此可知，表1-5中有64个国家或地区的实用新型要求具备绝对新颖性，27个国家或地区的实用新型要求具备绝对创造性，18个国家或地区的实用新型要求具备较低创造性。表1-5中的新颖性要求包括：本国新颖性、相对新颖性和绝对新颖性。其中本国新颖性的现有技术限于本国或本地区范围内的公开，相对新颖性的现有技术不包含国外的使用公开，绝对新颖性的现有技术是指世界范围的公开。表1-5中的创造性要求包括：相对创造性、较低创造性和绝对创造性。其中相对创造性的现有技术不包含国外的使用公开，较低创造性是指与标准专利（发明专利）相比创造性高度要求较低，绝对创造性是指创造性高度要求与标准专利（发明专利）相同。

第七节　评价报告

采用形式审查制或初步审查制的实用新型在确权或诉讼时，往往需要与评价报告制度（或类似制度）、异议制度、实质审查相结合。在上述93个国家或地区和2个组织中，获得了22个国家或地区和2个组织的相关信息，具体见表1-6。

表1-6 不同国家或地区实用新型评价报告制度（或类似制度）情况

评价报告或类似制度	数量	国家或地区
请求制	12	巴拿马、保加利亚、德国、厄瓜多尔、法国、非洲知识产权组织、芬兰、日本、塞尔维亚、土耳其、西班牙、中国
异议程序启动实质审查	4	巴林、波黑、古巴、克罗地亚
强制检索报告	3	奥地利、罗马尼亚、智利
核准后请求实审	2	非洲地区工业产权组织、泰国
诉讼前强制实审	1	澳大利亚
请求制，维权必备	1	佛得角
请求制，上诉必备	1	秘鲁
总计	24	

第二章
我国周边国家和我国港澳台地区实用新型专利

本章分节详细介绍我国周边13个国家（阿拉伯联合酋长国、阿曼、阿塞拜疆、俄罗斯、菲律宾、格鲁吉亚、马来西亚、蒙古国、泰国、乌兹别克斯坦、越南、韩国、日本）和我国港澳台地区的实用新型制度。

第一节 阿拉伯联合酋长国实用证书

一、概述

阿拉伯联合酋长国（以下简称阿联酋）于1992年颁布了涉及工业知识产权保护的第44号联邦法律——《关于专利、工业制图和工业品外观设计的产业规制及保护的规定》（以下简称《专利法》）。此后，阿联酋于1996年加入了世界贸易组织（WTO）和《保护工业产权巴黎公约》（以下简称《巴黎公约》），1999年加入了《专利合作条约》（PCT）。依据相关公约和国际组织的章程规定，2002年修改了《专利法》。2006年，阿联酋总统颁布第31号联邦法律，再次修改《专利法》，这也是阿联酋现行的保护专利的法律规定，与该法配套实施的还有专利法实施条例。

此外，阿联酋是海湾阿拉伯国家合作委员会的成员国。海湾阿拉伯国家合作委员会的缩写是GCC（Gulf Cooperation Council），成立于1981年5月，总部设在沙特阿拉伯首都利雅得，成员国包括阿联酋、阿曼、巴林、卡塔尔、科威特和沙特阿拉伯这6个国家。GCC以在经济、金融、商业、关税、教育、法律及行政领域等采用相类似的制度及法律等为目的，其中也包括采用共通的知识产权制度。

阿联酋的主要知识产权行政管理机构是经济部下设的知识产权局，内设工业产权局、商标局、版权局这三个主要部门，其中，工业产权局（http://www.economy.ae）是专利管理机关，接收和审查专利申请，并颁发权利证书。授权专利在组成阿联酋的7个酋长国（阿布扎比、迪拜、沙迦、富查伊拉、乌姆盖万、哈伊马角和阿治曼）受到保护。

阿联酋知识产权法律体系中的"实用证书（Utility Certificate）"相当于我国的实用新型专利。近几年，阿联酋的实用证书申请数量较少，表明该类知识产权不受申请人的重视。

下面简要介绍阿联酋的实用证书制度。

二、实体性规定

（一）保护客体

阿联酋《专利法》中所定义的发明，是指与产品、制造方法或者能实际解决技术问题的公知制造方法的应用相关的所有创新思维。而实用证书的对象是能够投入工业应用但创造性不符合发明专利要件的新发明。当然，如果发明人或其法定代表提出要求，实用证书也可颁发给满足发明专利要件的发明。

可见，阿联酋的实用证书的保护客体与专利法中所定义的发明的对象一致，即包括：产品，制造方法，以及能实际解决技术问题的、公知制造方法的应用。但阿联酋《专利法》第6条规定对于下列实用证书申请不予授权：

1）动物和植物新品种以及利用遗传学途径创造动、植物品种的方法，微生物种类除外。

2）应用于动物和人类的疾病诊断、治疗方法及外科手术。

3）科学及数学原理、发现及方法。

4）智力活动的规则和方法。

5）违反公共秩序和道德的发明。

（二）实体性要求

阿联酋的实用证书需满足三个实体性条件：新颖性、创造性和工业实用性。

关于新颖性，虽然阿联酋《专利法》中并没有对新颖性做详细的规定，只是规定要"新"，但实施条例要求新发明不属于现有技术。也就是说，要求所审查的新发明在申请日之前的工业技术中没有先例，即，该新发明不能以书面形式、口头形式、使用发明的形式或其他能够让人了解到该发明的任何形式在任何时间、任何地点向公众公开过。这里所说的任何地点不分阿联酋国内和国外，因此采用的是绝对新颖性标准。

另外，根据阿联酋《专利法》第3条的规定，对于在阿联酋的产品展览会公开的发明，依据《专利法实施条例》中规定的条件给予临时保护，即不丧失新颖性。

创造性也叫非显而易见性，是指发明中的技术方案对其所属的技术领域的人来说并不是显而易见的。

工业实用性是指该发明可在工业上应用。如果发明可以被用于农业、渔业、手工业和服务业等领域，该发明可被视为具有广义上的工业实用性。

由于实用证书的对象是能够投入工业应用但创造性不符合发明专利要件的新发明，因此实用证书对创造性的要求比发明专利的要宽松，但是实用证书的新颖性标准以及工业实用性标准与发明专利的相同。

（三）保护期

阿联酋实用证书的保护期限是自申请日起的10年，从登记日开始生效。

三、程序性规定

（一）申请途径

外国人要求在阿联酋获得实用证书保护时，可以采取如下途径：

1）《巴黎公约》成员国的外国申请人可以依《巴黎公约》途径，直接在阿联酋提出实用证书申请。

2）PCT成员方的外国申请人可以提出PCT申请，在该PCT申请中指定阿联酋。

在PCT申请中指定阿联酋的情况下，可自优先权日起30个月内进入阿联酋国家阶段，请求获得实用证书保护。由于GCC专利体系没有实用证书，因此，申请人不能通过GCC的途径获得阿联酋的实用证书保护。

根据阿联酋《专利法》第11条，在提交申请时，可以基于已经在与阿联酋共同缔结条约或协议的其他国家或地区提出的申请主张优先权，优先权的期间是从最早的申请日起12个月以内。

另外，根据《巴黎公约》，实用新型可以享受本国或外国优先权。优先权的基础可以是实用新型，也可以是发明专利。自发明专利或实用新型首次在本国或其他国家提出申请之日起12个月内，申请人就同一发明申请实用新型的，可以享有优先权。

（二）申请文件

外国申请人申请实用证书所需要的文件如下：

1）规定格式的请求书，该请求书由代理人填写并署名，要写上申请人和发明人的全名、住所、国籍、职业、发明的名称，如果主张优先权，还要写上作为优先权基础的申请的申请日期、国名和申请号。

2）权利要求书。

3）说明书。

4）200字（阿拉伯语）以下的摘要（仅用作技术信息）。

5）附图（如果附图对于确认发明是必需的，则必须提交；如果附图对于确认发明并不是必需的，则在发明的性质可通过附图来说明的情况下，也可以提交）。

6）由申请人填写并署名的委托书（需要经阿联酋领事馆认证）。

7）在发明人不是申请人的情况下，需要提供发明人转让给申请人的转让证明（需要经阿联酋领事馆认证）。

8）在申请人是企业的情况下，需要提供商业登记证或企业章程的副本（需要经阿联酋领事馆认证）。

9）对于根据外国的申请主张优先权的非PCT申请，需要提供经过认证的优先权文件副本。

10）临时保护的证明书（如果有的话）。

用于认定申请日的材料包括请求书、权利要求书、说明书、摘要、附图、手续费等。

上述6）~9）项的文件必须在申请日起的90天内提交。

另外，上面的申请文件均需要采用阿拉伯语，其中，权利要求书、说明书、摘要和附图还需要附上英语译文。

（三）审查

实用证书的申请需要经过形式审查和实质审查。

形式审查由阿联酋工业产权局进行，针对申请人的信息、必须具备的文件、文件的提交期限等进行审查。在申请文件不满足形式要求的情况下，会向申请人发出相关的通知，要求申请人从通知日起的90天内改正缺陷。

如果申请文件满足了形式要求,则以审查手续费的支付作为必要条件来开始实质审查。从申请日或进入阿联酋国家阶段的日期起,必须在 90 天内支付审查手续费。如果不按期支付,则视为撤销申请。

实质审查由奥地利专利局或韩国专利局进行,主要针对"实用证书保护的实体性要求"中说明的新颖性、创造性和工业实用性进行审查,也审查要求保护的对象是否属于"实用证书的保护客体"中提到的不授权的客体。另外,实用证书申请需要符合单一性要求。

经实质审查,若申请文件不符合阿联酋《专利法》及实施条例的某些规定,则给予申请人补正申请文件的机会,要求申请人自接到审查意见通知起 3 个月内通过补正书和/或意见陈述书消除审查意见通知中指出的问题,逾期未补交则视为该申请无效。

如果申请被拒绝,则管理机构应当通知申请人,申请人可以自收到通知之日起 60 日内向主管委员会提出申诉。

如果对申请决定授权,则将申请内容公开发布在工业产权公报期刊中。任何利害关系人可以自公布之日起 60 日内向主管委员会提出异议。在法定时间内没有提出异议的,应当将实用证书颁发给申请人。

另外,在阿联酋,没有优先审查制度和提前审查制度,也没有引入专利审查高速路(PPH)。

阿联酋的实用证书审查周期较长,自申请日起,通常需要 2~3 年(也有人说需要 4 年以上)才能获得授权。

(四)授权后程序

根据阿联酋《专利法》第 34 条的规定,任何利害关系人均可以向管辖法院请求宣告实用证书无效。而且实用证书的所有人在以下情况下会收到通知:

1)实用证书是在没有满足阿联酋《专利法》或实施条例中规定的条件的情况下被授予的。

2)实用证书是在没有符合阿联酋《专利法》第 11 条规定的在先

申请的优先权的情况下被授予的。

而且，无效请求可以仅针对实用证书中的一部分内容。在这种情况下，法院通过判决来确定该实用证书的权利范围。

（五）费用

手续费通过 e-Dirham card 进行支付。

2017 年各项手续费见表 2-1，仅供读者参考。

表 2-1　阿联酋实用证书相关费用（以美元计）

项目	个人	法人
申请费	108.93	217.86
公告费	54.47	108.93
实质审查请求费	1906.01	1906.01
第 2 年度的年费	108.93	217.86
第 3 年度的年费	114.38	228.76
第 4 年度的年费	119.83	239.65
第 5 年度的年费	125.27	250.54
第 6 年度的年费	130.72	261.44
第 7 年度的年费	136.17	272.33
第 8 年度的年费	141.61	283.22
第 9 年度的年费	147.06	294.12
第 10 年度的年费	152.51	305.01

（六）代理

在阿联酋没有住所或营业所的申请人，必须委托阿联酋当地的代理人，才能进行实用证书的申请等法律事务。

四、保护

实用证书登记后,实用证书的权利人有权对实用证书保护的产品进行生产、使用或销售。如果实用证书的保护对象涉及产品制造方法,则权利人有权运用该方法。

未经权利人的同意,任何人均不得生产、使用、持有、销售或进口实用证书保护的产品。如果实用证书的保护对象是产品制造方法,则权利人有权阻止其他任何人未经其允许使用该方法。

但是,实用证书的效力仅限于为生产或商业目的而进行的活动,不及于以下行为:

1)非生产且非商业目的的行为。
2)受保护产品在阿联酋境内销售后的相关活动。

五、总结和建议

阿联酋的实用证书制度主要有以下特点:

(1)保护的客体

阿联酋的实用证书的保护客体包括:产品,制造方法,以及能实际解决技术问题的、公知制造方法的应用。可见,阿联酋的实用证书保护方法和用途。

(2)审查制度

阿联酋的实用证书申请不仅要经过形式审查,还要经过实质审查。如果实质审查的结果是决定授权,则将申请内容公开发布在工业产权公报期刊中。任何利害关系人可以自公布之日起 60 日内向主管委员会提出异议。在法定时间内没有异议提出的,才将实用证书颁发给申请人。

(3)优先审查制度

阿联酋没有优先审查制度。阿联酋的实用证书审查周期较长,但因为经过了实质审查,所以得到的权利的稳定性有一定的保障。因此,建议在提出申请前预先进行充分的检索和评估,以提高获得授权的概率。

另外,鉴于上面提到的对申请文件的要求,建议申请人一旦决定要向阿联酋提交实用证书申请,就尽快准备好英文的权利要求、说明书、摘要和附图,以便尽快将这些文件发给当地代理人,让当地代理人尽早完成翻译成阿拉伯语的工作。

而且,还要尽早地从当地代理人那里获取委托书、转让证明,以便尽快完成领事馆认证手续。这是因为接受领事馆的认证需要经过涉及公证处/法务局、领事馆的多个步骤,要花费不少时间。

第二节 阿曼实用新型

一、概述

阿曼现行的知识产权法律主要包括《工业产权法》(67/2008)和《工业产权法实施细则》(105/2008)。随着阿曼《工业产权法》的颁布,在此之前的第82/2000号皇家法令颁布的专利法连同任何与上述法律相抵触或违反的任何内容均无效。

阿曼签署了《保护工业产权巴黎公约》,于1999年7月14日生效,并且签署了《专利合作条约》,于2001年10月26日生效。

阿曼的知识产权事务行政主管部门是其工商业部(MOCI)下设的知识产权局,负责各项工业产权的登记注册和管理等工作。工业产权登记处完成相关程序后予以授权或注册登记,权利证书统一由知识产权局局长签发。

阿曼每年的实用新型申请量暂不可考。

根据阿曼的《工业产权法》,工业产权包括商标、专利(发明)、实用新型、外观设计、集成电路布图设计、集体商标、证明商标和地理标志。

阿曼的实用新型体系与中国的实用新型体系是非常相似的,下文中将围绕阿曼的实用新型制度进行简要说明。

二、实体性规定

(一) 保护客体

阿曼实用新型的保护对象是技术创造,其由物体或物体组件的新形状或结构组成,以增加其功能或实用性。也就是说,阿曼的实用新型保护客体与中国的实用新型保护客体相似,两者都仅仅涉及产品,而不保护涉及方法的发明创造。

此外,被阿曼发明专利所排除的客体也不适用于实用新型保护。这些被排除的客体包括:

1) 发现、科学理论和数学方法。
2) 商业、纯粹的心理行为或游戏的计划、规则或方法。
3) 天然物质(不适用于从原始环境中分离这些天然物质的过程)。
4) 已发现新用途的已知物质(不适用于构成发明的用途本身)。
5) 除微生物以外的动物,以及本质上为生产动物及其部分的除生物方法和微生物方法之外的生物方法。
6) 为了保护公众利益或(和)社会公德而有必要在阿曼境内禁止其商业性实施的发明。

(二) 实体性要求

阿曼的实用新型需满足的实体性条件是:具有新颖性、足够的创造性以及工业实用性。

阿曼的实用新型采用与发明专利相同的新颖性和创造性标准,并且该标准是绝对新颖性和绝对创造性标准。

实用新型的新颖性是指它没有被现有技术公开。现有技术包括在实用新型的申请日或优先权日之前，以任何方式在世界任何地方为公众所知的任何事实。公开方式包括有形的出版物形式、口头公开方式、使用方式以及其他任何方式。

实用新型具有足够的创造性是指对于本领域技术人员来说，如果考虑到要求保护的实用新型和现有技术之间的差异和相似之处，实用新型不会形成与现有技术相同的方式。

如果实用新型可以在任何一种工业中制造或使用，或者在所有的经济、农业、手工艺品、渔业和服务业领域具有特定的、实质性的和可信的效用，则应被认为具有工业实用性。而且，实用新型的说明书中应当清楚完整地公开实用新型，使得本领域的技术人员能够实施该实用新型，并且需特别说明所要求保护的实用新型是如何增强保护对象的实用性或功能性的。

(三) 保护期

阿曼实用新型的保护期限是 10 年，自申请日起计算。该期限不可延长。

三、程序性规定

(一) 申请途径

阿曼签署了《巴黎公约》，因此，对于《巴黎公约》成员国的外国申请人，作为向阿曼提出实用新型申请的途径，可以依《巴黎公约》途径直接提出实用新型申请，或在优先权日起 12 个月内向阿曼知识产权局提出实用新型申请。

根据《巴黎公约》的规定，实用新型可以享受本国或外国优先权。自在先申请首次在阿曼或其他国家、地区提出申请之日起 12 个月内，申请人就同一发明申请实用新型的，可以享有优先权。在该 12 个月的期限届满之后 60 天以内可以有条件恢复优先权。

另外，阿曼为《专利合作条约》（PCT）缔约国，申请人可以在提出 PCT 专利申请后，自最早的优先权日起 30 个月内进入阿曼国家阶段，请求获得实用新型保护。

此外，阿曼是海湾阿拉伯国家合作委员会（GCC）成员，GCC 专利局在 1992 年设立，GCC 专利局是地区性的专利局。如果向 GCC 专利局提出的专利申请符合 GCC 专利法及其实施细则中的规定，GCC 专利局将对该专利申请授予专利权。该局授予的专利权将在 GCC 六个成员国自动生效，任何 GCC 成员国将不需要做出进一步的审查，但需要特别指出的是，对于实用新型申请，则不适用于此规定，因而仍需在阿曼单独提出实用新型申请来请求保护。

阿曼的《工业产权法》规定实用新型和外观设计的申请与发明专利申请可以互转一次，但必须在申请被驳回或授予权利之前提出转换申请。具体来说，在实质审查前的任何时候，或者在发明专利或外观设计证书的授予或驳回之前，发明专利申请或外观设计申请可在支付规定费用后将申请书转换为实用新型申请的申请书；而在实用新型证书的授予或驳回之前的任何时间，可以在缴纳规定费用后，将实用新型申请书转化为发明或外观设计申请。

（二）申请文件

申请实用新型时，提交的文件如下：

1）请求书：应填写申请人的姓名和地址、国籍和住所等。

2）说明书：包括实用新型的名称、所涉及的技术领域、背景技术、发明内容、发明效果、附图说明（如果有的话）和具体实施方式，并且应明确指出本实用新型在工业上可应用的方式及其可以被制造和使用的方式。

3）权利要求书：说明实用新型的技术特征，清楚、简要地表述请求保护的内容。

4）说明书摘要：写明技术领域，清楚地反映技术问题以及解决该问题的要点、主要用途等。

另外,所有申请文件必须以阿拉伯语提交并符合阿曼《工业产权法》所规定的相关撰写要求。

(三) 审查

阿曼专利局对实用新型的审查流程为:提出实用新型专利申请、形式审查、实用新型专利授权或者驳回。其中,审查范围主要是形式上是否满足保护的要求,包括其请求保护的客体是否属于不予以专利保护的客体和是否属于实用新型保护的客体,以及申请文件形式上是否满足相关规定。对于创造性和工业实用性,在登记前不进行审查。

阿曼的实用新型审查时间较短,通常在3个月以内即可获得授权。

(四) 授权后程序

任何利害关系人均可请求主管法院宣告专利无效。法院应根据规定将最终决定通知登记机关,以便登记机关根据该规定记录决定并予以公布。

在无效过程中,如果无效请求人证明没有满足《工业产权法》的相关要求或专利权人不是发明人或其权利继承人,法院有权宣告专利无效。并且,如果发现专利所有人在专利信息的披露过程中做出了不公平的行为,例如旨在隐瞒与专利的授予或驳回相关的申请信息,法院有权使专利无效。

另外,除非有欺诈意图,否则不符合任何形式要求的理由并不构成无效理由。

任何无效专利或权利要求自专利授予之日起被视为无效,被视为自始未被授予专利权。

在专利权纠纷中,利害关系人可以请求法院将所有权转让给该利害关系人,而不是使其无效。

(五) 费用

申请实用新型需缴纳申请费、公开费、审查费以及授权费,其中申请费官费约为人民币 1200 元,如果申请人为个人并且申请费用减免,则减免后费用约为人民币 200 元(以上费用仅供参考)。

(六) 代理

申请人的通常住所或者主要营业地在阿曼境外的,需由阿曼境内的驻地律师代理其在阿曼申请相关业务。该代理人应拥有实施知识产权活动的许可证,并有权根据法律的规定做出任何决定。

四、保护

专利应赋予其所有者防止第三方在阿曼实施专利技术的权利。当获得实用新型专利权时,权利人可以实施以下行为:

1)制造、进口、许诺销售、销售、使用产品。
2)为许诺销售、销售或使用产品而备货。

对未经同意而侵权或者执行了有可能导致侵权行为发生的行为的人,专利权人有权对其提起诉讼。法院收到诉讼后,责令登记机关审查实用新型证书,审查其是否符合《工业产权法》的相关规定。登记机关应在不超过 120 天的时间内将审查结果送交法院。该结果对最终判定实用新型证书的有效性或无效性具有可推翻的参照价值。在登记机关审查实用新型期间,法院可以下令采取临时措施防止侵权行为发生和/或保全涉嫌侵权的相关证据。

五、总结和建议

总体来说,阿曼的实用新型制度与中国的实用新型制度十分相似。

在阿曼，实用新型专利相对于发明专利具有容易授权的优点。在实用新型的审查过程中，由于并不针对实用新型的创造性以及工业实用性等进行实质审查，因此获得专利权较为容易。另外，在发明专利申请被授予专利权或者驳回之前的任何时间，均可以将其转换为实用新型专利申请，特别是对于无望获得发明专利权的案件，在转换为实用新型申请之后也容易获得专利权保护。

但同时需要注意的是，阿曼实用新型专利本身对于新颖性和创造性的要求相对于发明申请并无明显降低，因此，在授权后的无效过程中或者在侵权诉讼过程中，实用新型专利，尤其是在无望获得发明专利而通过上述转换获得专利权的实用新型专利，其权利的稳定性尚不确定，这对于权利行使是存在隐患的。因此，对于申请人来说，如果希望在阿曼获得实用新型专利权并且获得稳定的权利，仍需要与对待发明专利申请同样认真，准备充分完善的申请文件，这样才能使实用新型在后续的维权及商业应用中发挥作用。

第三节 阿塞拜疆实用新型

一、概述

阿塞拜疆于1996年颁布了《著作权及相关权利法》，于1997年颁布了《专利法》，于1998年颁布了《商标和地理标识法》。现行的阿塞拜疆《专利法》是2009年修订版。在阿塞拜疆的专利法体系里，对发明、实用新型和工业设计提供专利保护。与我国类似，阿塞拜疆在同一部《专利法》里对发明专利、实用新型专利和工业设计专利进行了立法。阿塞拜疆的专利法体系下的发明专利、实用新型专利和工业设计专利分别对应于我国的发明专利、实用新型专利和外观设计专利。

阿塞拜疆于 20 世纪 90 年代中期成为世界知识产权组织

(WIPO）的成员，在 WIPO 的协助下开始建立其知识产权法律体系。阿塞拜疆《宪法》第 30 条对知识产权做出了专门规定：①任何人都有权获得知识产权；②著作权、专利权和其他知识产权受法律保护。将知识产权保护直接写入作为国家基本大法的宪法，可见阿塞拜疆对知识产权保护相当重视。目前，阿塞拜疆是《世界知识产权组织公约》的缔约国，也是《保护工业产权巴黎公约》和《保护文学和艺术作品伯尔尼公约》的缔约国。

阿塞拜疆计量、标准化和专利委员会是该国的专利行政机关，负责颁布执行专利领域的国家政策，接收专利申请人的专利申请并进行审查，对符合条件的申请进行登记并授予专利，同时还负责本国专利代理人的注册管理。

阿塞拜疆的专利申请量很少。近 10 年来，实用新型的申请量每年仅有 10~30 件，发明专利申请量稍大，为实用新型年申请量的 10 倍左右，即每年 100~300 件。

下面简要介绍阿塞拜疆的实用新型制度。

二、实体性规定

（一）保护客体

根据阿塞拜疆《专利法》，实用新型是指具有实用性，在某方面具有优势，可以节约时间、简化工艺或改善劳动环境，具有新用途的生产资料和消费品等。

与我国类似，在阿塞拜疆，实用新型的保护客体也仅限于产品，而且仅限于由形状、构造限定的产品。方法并不是实用新型保护的客体。

另外，阿塞拜疆的《专利法》也规定，对于妨碍公共利益、违反社会公德的发明创造，不能授予发明、实用新型或工业设计的专利权。

阿塞拜疆《专利法》中明确规定了生产工艺、物质、微生物菌株、植物或动物细胞的培养及其新用途等不属于实用新型的保护客体。同时明确规定了下列不属于发明专利保护客体的主题也不属于实用新型的保护客体：科学理论、数学方法、艺术设计、游戏规则和玩法、计算机演算方法和程序、呈现、提供信息的方法、符号、时间表和规则、建筑与土地开发的工程和方案。

（二）实体性要求

在阿塞拜疆的专利体系下，实用新型需满足两个实质性条件：新颖性和工业实用性。

新颖性的要求是指实用新型的首要特征（Significant Features）不为现有技术所知。此处的现有技术包括在申请日以前，在阿塞拜疆境内为公众所知的技术，这里所说的为公众所知，也包括通过使用而为公众所知的情况。另外，现有技术也包括由他人提交并被专利行政机关公布的专利申请。

如果在实用新型的申请日前 12 个月内，申请人或发明人公开了该实用新型的内容，或者第三人直接或间接地从申请人或发明人处获知实用新型的内容后公开的情况下，这种公开的行为不会使该实用新型申请丧失新颖性，也即不丧失新颖性的宽限期。

工业实用性的要求是指一项实用新型的内容可以在产业或经济中制造或使用。

（三）保护期

阿塞拜疆实用新型的保护期限是自申请日起 10 年，不可延长。

三、程序性规定

（一）申请途径

《巴黎公约》成员国的外国申请人可以依《巴黎公约》途径在阿塞拜疆提出实用新型申请，此时也可以要求一项或多项优先权。

根据《巴黎公约》,实用新型可以享受本国或外国优先权。优先权的基础可以是实用新型,也可以是发明专利。自发明专利或实用新型首次在阿塞拜疆或其他国家提出申请之日起 12 个月内,申请人就同一发明申请实用新型的,可以享有优先权。

申请人也可以先提出 PCT 专利申请,自最早的优先权日起 30 个月内进入阿塞拜疆国家阶段,请求获得实用新型保护。

另外需要留意的是,在阿塞拜疆申请专利时,请求书必须是阿塞拜疆语,其他材料可以是其他语言,但是必须在申请之日起的 2 个月内提交阿塞拜疆语的译文。

申请人可以将实用新型申请转换为发明专利申请,也可以反之将发明专利申请转换为实用新型申请。

(二) 申请文件

申请实用新型时,应当提交请求书、说明书、权利要求书以及摘要,必要时可以提交附图。

请求表中应填写申请人姓名或名称、申请人的居住地或营业地的地址等。

说明书应该以足够清楚和完整的方式对请求保护的实用新型进行说明,以使其能够实施为准。

权利要求应该限定所要求保护的实用新型,并且应得到说明书的支持。在包括多项独立权利要求的情况下,这些独立权利要求之间应当具备单一性。也就是说,一件申请应该仅涉及一项实用新型或者关联的一组实用新型。

根据需要可以提交附图和其他材料,以便理解实用新型的内容。

(三) 审查

阿塞拜疆计量、标准化和专利委员会下属的审查机关对实用新型申请进行审查。

在收到实用新型专利申请之日起的 1 个月之内，审查机关对申请人资格、文件是否齐备，费用、优先权是否成立等进行审查。若存在不符合规定的情况，则会向申请人发出通知。申请人应在收到该通知之日起 2 个月内进行答复，并消除通知中所指出的缺陷，否则申请会被视为未提出。

审查机关继续审查实用新型申请是否妨碍公共利益、违反社会公德，是否属于实用新型的保护客体，以及是否具有工业实用性。如果符合要求，则在 12 个月之内，在申请人缴纳相关费用后对其实用新型申请进行公开。对于不符合要求的申请，将做出驳回的决定。如果申请人对驳回决定不服，可以在收到驳回决定的 2 个月内向申诉委员会提出申诉。

申请人可以在上述公开前将实用新型申请转换为发明专利申请，也可以反之将发明专利申请转换为实用新型申请。

在申请公开后的 6 个月内，任何人可向申诉委员会提出异议。申请人应当对提出的异议做出回答，若申请人拒绝回答，其申请将被驳回。

在提交申请后的 18 个月内，申请人或利害关系人可以要求审查机关进行实质性审查。审查通过后，实用新型申请获得授权。

从实用新型的申请日起到获得授权通常需不到 2 年的时间。

(四) 授权后程序

审查机关在授权后的 3 个月内，以官方公告的形式公开专利的相关信息，专利信息公开后的 6 个月内，任何人均可向申诉委员会提出异议。专利权人和异议人均可参加申诉委员会的审议，若对申诉委员会的决议不服，可以向法院提起诉讼。

另外，实用新型专利授权后，他人可以以不符合授权条件为由，向申诉委员会提出无效请求。对无效结果不服时，可以向法院提起诉讼。

(五) 费用

在阿塞拜疆申请实用新型专利所发生的费用涉及官费和阿塞拜疆事

务所服务费。

官费大约为100美元，包括申请费、实审费、优先权要求费、登记费等。而与这些官费项目相应的阿塞拜疆事务所服务费大约为700美元。需要阿塞拜疆事务所提供由英语至阿塞拜疆语的翻译时，会发生大约25美元/百词的费用。另外，在实审阶段答复审查意见时，每一次会发生数百美元的服务费。

（六）代理

在阿塞拜疆没有住所或营业所的申请人，必须委托阿塞拜疆的专利代理人作为代理人，才能在阿塞拜疆办理实用新型专利申请的各项手续。

专利代理人必须是取得阿塞拜疆永久居留权，受过高等教育，懂得阿塞拜疆语言并具有专利代理人注册资格的阿塞拜疆公民。

四、保护

实用新型专利的保护范围由权利要求限定。

实用新型专利授权之后，只有权利人有权实施该实用新型。未经权利人的同意，任何人不得实施该实用新型。

任何将包含了实用新型专利的所有关键特征的产品投放到市场中的行为，包括制造、使用、进口、许诺销售、销售等，即被认为是实施了该实用新型。

下述行为被视为不侵犯专利权：

1）不以生产经营为目的的实施。

2）药房根据医生处方而为个例制造药物。

3）在临时或意外过境的外国交通工具上使用专利技术，条件是该专利技术专用于该交通工具。

另外，阿塞拜疆《专利法》中也对专利权（包括实用新型专利权）的行使做出了一定的限制，主要体现为先用权制度和强制许可制度。

先用权是指在专利申请人申请专利之前，他人已经使用或正准备使用相关技术，在此情况下，先使用者可以在原有范围内使用该专利，不受阻碍也不需支付赔偿费用。主张享有先用权的主体须向有关行政机关提出申请，行政机关应当在1个月内通知专利权人，若专利权人在2个月内没有提出异议，相关行政机关应决定承认申请人的先用权，对其先用权予以注册，同时发布官方公告。

阿塞拜疆存在两种专利强制许可。第一种是当专利权人在获得专利之日起的3年内无正当理由不使用也不准备使用或暂停使用超过3年并且拒绝授予使用许可，任何法人或自然人都可以向法院请求该专利的强制许可。该强制许可不具有排他性。如果被许可人在获得强制许可后的2年内不实施该专利，专利权人则有权请求法院撤销。第二种是专利权人无法在不侵害另一专利的情况下使用自己的专利，及其专利的实施依赖于他人专利，那么他有权要求后者对其授予专利使用许可。

当阿塞拜疆的实用新型专利权受到侵犯时，权利人可以直接向侵权方发送警告函或向法院提起诉讼，无须提供官方出具的实用新型专利权评价报告。

五、总结和建议

阿塞拜疆的实用新型仅保护产品而不保护方法，授权标准较发明专利申请而言更低，并具有以下特点：

1）授权条件更为宽松。阿塞拜疆实用新型专利没有创造性的要求，而且即便对于新颖性，其考虑的现有技术的范围也仅限于在阿塞拜疆国内的公知和公开使用。

2）在阿塞拜疆，实用新型申请与发明专利申请的审查过程是一样的，都要经过初审、公布、实审、授权、异议等过程。这使得实用新型申请授权所需的时间可能会比较长,约需要2年,而且授权结果更难以预测。

我国的申请人可充分考虑阿塞拜疆实用新型制度的诸多特点,以及与我国实用新型制度之间的异同,来综合考虑在阿塞拜疆的实用新型专利申请。

第四节 俄罗斯实用新型

一、概述

1812年,俄罗斯通过了本国历史上第一部专利保护法。俄罗斯现行的知识产权领域的法律是苏联解体后制定的,由1992—1993年通过的各单项法律组成。自1994年起,俄罗斯开始编纂《民法典》,其中第四部分于2006年通过,自2008年1月1日起生效,该部分由第七编知识产权编构成,包括所有的关于知识产权法律条款。因此,从2008年1月1日起,知识产权法规在俄罗斯法律框架中获得了更高的地位。现行法律在2014年3月12日进行了最近一次修订,并于2014年10月1日起正式施行。

俄罗斯是《专利合作条约》成员国,而且还是《保护工业产权巴黎公约》成员国。此外,作为一个领土跨越欧亚两个大陆的世界大国,俄罗斯还发起建立了跨越欧亚大陆的《欧亚专利公约》(SEAP)。

俄罗斯联邦知识产权局(英文简称Rospatent)是俄罗斯的知识产权行政主管机关。

根据WIPO组织提供的统计数据(2007—2016年),俄罗斯每年的专利申请量保持稳定,平均每年30 000件,其中,实用新型专利申请量每年约占1/3,即10 000件左右。

下面简要介绍俄罗斯的实用新型制度。

二、实体性规定

（一）保护客体

俄罗斯知识产权法律体系中的"实用新型（Utility Model）"相当于我国的实用新型专利。

在俄罗斯，实用新型是俄罗斯《民法典》首次规定赋予法律保护的专利权客体，是指生产设备和消费品及构成部分的结构创造。方法、物质、微生物菌种、植物和动物细胞培植以及对其按照新用途的应用均不能作为实用新型申请专利。而且，仅涉及制品外形并满足于美学需求的解决方案、集成电路的布图设计以及违背公共利益、人文道德原则的解决方案均不能作为实用新型进行申请。

（二）实体性要求

在俄罗斯，实用新型需满足两个实体性条件：新颖性和工业实用性。

新颖性是指，如果实用新型的实质性特征总和不能从现有技术水平中获知，则该实用新型具有新颖性。现有技术包括该实用新型优先权日之前，在世界范围内公知的任何信息（注：2014年10月1日之前的判断标准为在该实用新型优先权日之前，与申请的实用新型相同用途的资料在世界范围内公布成为公知，以及在俄罗斯有关其使用的资料成为公知）。现有技术还包括由其他人在俄罗斯提出的，具有较早优先权的所有发明、实用新型申请和工业设计（注：2014年10月1日之前的判断标准不包括工业设计）。根据俄罗斯《民法典》第四部分，任何人有权了解这些申请文件，以及在俄罗斯授予专利权的发明或实用新型。

涉及实用新型的信息由发明人、申请人或者其他任何可以直接或间接得到这一信息的人泄露，在此情况下，有关实用新型的实质内容成为公知。如果该实用新型申请自信息泄露之日起不迟于6个月向俄罗斯联邦知识产权执行权力机构提交，则这种情况将不妨碍实用新型专利性的认定。在这种情况下，由实用新型的申请人负责证明事实。

实用新型如果可以在工业、农业、健康保护以及其他活动领域中被应用，则该实用新型具有工业应用性（实用性）。

与发明不同，实用新型不需要具有发明水平，因此其客体范围也比较狭窄。

(三) 保护期

目前，俄罗斯的实用新型的保护期限为10年，取消了2014年10月1日之前的可申请3年延期的规定。

三、程序性规定

(一) 申请途径

《巴黎公约》成员国的外国申请人可以依《巴黎公约》途径，直接在俄罗斯提出实用新型申请。根据《巴黎公约》，实用新型可以享受本国或外国优先权。优先权的基础可以是实用新型，也可以是发明专利。自发明专利或实用新型首次在俄罗斯或其他国家提出申请之日起12个月内，申请人就同一发明申请实用新型的，可以享有优先权。

申请人也可以先提出PCT专利申请，自最早的优先权日起31个月内进入俄罗斯国家阶段，请求获得实用新型保护。

由于欧亚专利只保护具有新颖性与实用性的发明创造，因此申请人无法通过欧亚专利公约在俄罗斯提出实用新型专利申请。

根据规定，在发明申请的信息公布前，申请人有权向Rospatent提交申请，要求将其发明申请转换为实用新型申请。在授予专利权的决定做出前，申请人可以将实用新型申请转换为发明申请。如果拒绝授予专利权的决定已经做出，则可以在对此决定不服提出异议的可能性丧失之前申请转换。发明或实用新型申请转换时，保留发明或实用新型的优先权及申请日。

(二) 申请文件

申请实用新型时,应当提交规定的专利授予请求书,请求书中应按规定填写实用新型发明人(多个发明人)、申请人(多个申请人)及其居住地或所在地、实用新型名称、代理人信息等,由申请人和专利代理人签字。

实用新型的申请文件包括:

1) 实用新型说明书:说明书中的技术方案需要充分公开到足以实施的程度。

2) 实用新型权利要求书:阐述实用新型实质并完全以实用新型说明书为依据。

3) 附图(如果对于理解实用新型实质是必需的)。

4) 摘要。

5) 缴费证明、费用减免证明或者阐明延期缴费理由的文件。

实用新型的提交日期为保护全部规定文件的实用新型申请到达 Rospatent 的日期,或者最后的文件(如果上述文件未同时提交)的到达日期。

根据 2014 年 3 月 12 日修订的俄罗斯《民法典》(第 1376 条),一项实用新型申请仅包含"单一实用新型"(注:修订前包含能够形成单个总的发明构思的任何数量的实用新型)。权利要求书中可以包括一项或多项权利要求,并且仅能包括一项独立权利要求。说明书中不应有另选实施方式或变型例。一项实用新型具有一个技术效果,如果存在多个技术效果,则这些技术效果应具有因果关系。

如果实用新型申请的审查结果确认提交的申请属于可作为实用新型保护的技术解决方案,且申请文件符合规定要求,Rospatent 做出授予专利权的决定。

如果审查结果确认提交的实用新型申请不属于可作为实用新型予以保护的解决方案,则 Rospatent 做出拒绝授予专利权的决定。

递交实用新型申请时,专利授权请求书需要以俄文提交。除该请求书外,其他申请文件可以采用俄文或任何其他语言。

既接受纸件形式的实用新型申请,也接受电子形式的实用新型申请。

(三) 审查

2014年修订专利法之前,Rospatent对实用新型的审查主要是形式上是否满足保护的要求。同时还要审查要求保护的客体是否属于实用新型保护的客体,以及是否属于被实用新型法排除的客体。新颖性和工业实用性在注册前不进行审查。在专利法修订之后,Rospatent首先对实用新型申请进行形式申请,在形式申请满足要求之后进行实质审查,即检索现有技术。

在做出授予或拒绝授予专利权的决定前,申请人有权对申请文件进行修改,包括提交补充材料,前提是这些修改没有改变所申请专利的实质内容。对改变了专利申请实质内容的补充材料,Rospatent将不予审查,申请人可将其作为独立申请提出。

在Rospatent决定授予实用新型专利权后,将实用新型登入俄罗斯联邦国家实用新型登记簿,并颁发专利证书。如果以多人名义申请专利的,只颁发一个专利证书。同时,Rospatent在其官方公报中公布授予专利权的有关信息,专利权信息公布之后,任何人均有权查阅。

从实用新型的申请日起,注册程序平均在6个月内完成。

(四) 授权后程序

实用新型注册时未审查其是否有资格获得保护。如果发生争议,Rospatent的撤销程序将澄清所注册的实用新型是否具有新颖性和实用性。

任何人都可以以如下理由向Rospatent提出撤销实用新型的请求:

1) 不符合专利法规定的可专利性条件。

2) 不符合专利法规定的实用新型申请说明书必须充分公开到足以

让本领域技术人员能够实施的程度。

3) 在授予专利权决定中引用的实用新型权利要求中，包含有在申请提交日的实用新型说明书、权利要求书中所没有的特征。

4) 对具有同一优先权日的多件相同发明创造分别授予专利权。

5) 颁发的专利证书中记载的创作者或专利权人不是专利法规定的创作者或专利权人，或在专利证书中没有记载专利法规定的创作者或专利权人。

（五）费用

申请实用新型需缴纳申请费。直接申请时，俄罗斯实用新型的官方申请费为 15 欧元，实审费用为 25 欧元，授权费为 45 欧元，共计 85 欧元。电子申请情况下，官方申请费有折扣。

俄罗斯专利代理人或律师代理实用新型申请的基础服务费约为 330 欧元，其中包括申请的递交以及之前的必要准备。此外，请求实质审查的费用为 130 欧元，答复审查意见的费用为 300~1000 欧元，授权服务费用为 320 欧元。中文翻译为俄文的费用约为 10 欧元/100 汉字。

可以通过缴纳维持费来维持实用新型的有效性，自申请日起的 3 年、6 年和 8 年后，维持费分别约为 30 欧元、45 欧元和 60 欧元。

以上费用均为 2018 年的费用水平，供申请人参考。

（六）代理

除非俄罗斯签署的国际条约另有规定，否则常住俄罗斯境外的公民、外国法人在 Rospatent 办理有关事务应通过在 Rospatent 登记的专利代理人进行。

如果申请人、权利人或其他利害关系人自行在 Rospatent 办理相关事务或通过非在上述机关注册的其他代表办理，则他们应根据 Rospatent 的要求告知在俄罗斯境内的通信地址。

四、保护

实用新型登记后,只有权利人有权实施该实用新型的主题。未经权利人的同意,任何人均不得制造、提供、销售、使用或者出于上述目的而进口、储存属于该实用新型主题的产品。但是,实用新型的效力不及于下列行为:

1)临时过境。

2)科研或实验。

3)在非常情况下(自然灾害、惨祸、事故)实施发明创造,在最短时间内告知专利权人,并随后支付相应补偿。

4)为满足个人、家庭、居家或其他非经营目的的使用。

5)按医生处方在药房应用发明一次性地配制药品。

6)权利用尽情况下的使用。

实用新型权利人可以以获得注册的实用新型的权利受到侵犯为由,直接向侵权者发送律师函或向法院提起诉讼,而不需要事先提供由有关国家机关出具的该实用新型的评价报告。

需要注意的是,根据 2014 年 3 月 12 日修订后的民法典,在对侵权进行认定时,不再采取等同原则(Doctrine of Equivalents),而且采取了字面侵权(Literal Infringement Only),也就是说,体现在被控侵权产品或方法中的技术特征必须包括实用新型权利要求书中所列举的每一个必要技术特征。

与中国情况不同的是,根据俄罗斯《民法典》的规定,实用新型的发明人享有创作者身份权,该权利不可剥夺和消除,包括转让给他人或授予他人使用。

五、总结和建议

根据 2014 年 3 月 12 日修订的俄罗斯《民法典》,俄罗斯实用新型申请都必须经过实质审查，因此所获取的权利的稳定性较好。所以，在提出申请前，应预先进行充分的检索和评估，周密而细致地准备申请文件，尽量减少各种缺陷，确保获得稳定的权利。

另外，俄罗斯实用新型申请不能包含属于一个总的发明构思的多个实用新型。一项实用新型被定义为单个实用新型，仅能包含一个独立权利要求，并且只能限于装置，而不能涉及系统、组件、复合体或集合。

第五节　菲律宾实用新型

一、概述

菲律宾在1946年独立前就存在知识产权保护方面的相关法律，其与美国的相关法律法规相一致。菲律宾于1997年颁布了《知识产权法典》，它是知识产权的核心法规，其主要内容包括：第一部分知识产权办公室；第二部分专利法；第三部分商标、服务商标法；第四部分版权法；第五部分总则。

菲律宾是《保护文学和艺术作品伯尔尼公约》《保护工业产权巴黎公约》《保护表演者、录音制品制作者和广播组织罗马公约》《专利合作条约》等条约的签字国。

菲律宾还根据《知识产权法典》成立了菲律宾知识产权局（IPOPHL）。

菲律宾知识产权法律体系中的"专利"包括"发明专利""实用新型专利"和"工业外观设计专利"。最近5年，菲律宾发明专利每年的申请量为3300~4000件，实用新型专利每年的申请量为1000件左右，工业外观设计专利每年的申请量为1500~2000件。

下面简要介绍菲律宾的实用新型制度。

二、实体性规定

(一) 保护客体

在菲律宾,实用新型的保护对象是任何有关技术问题的新的解决方案,只要其具备新颖性并适于工业应用。

实用新型的保护不适用于以下客体:发现、科学理论或数学方法;智力活动、游戏或商业工作的计划、规则或方法;对人体或动物身体进行外科手术或治疗处理的方法,以及对人体或动物身体进行的诊断方法,但不包括这些手段的实施所涉及的工具及工具的组合本身;植物品种或动物种类以及为栽培植物或饲养动物所使用的重要生物方法,但不包括微生物的方法与借此微生物方法而获得的产品;美学上的创作;以及违反公共秩序或道德的发明创造。

与中国不同的是,菲律宾实用新型的保护对象可以是任何有关技术问题的新的解决方案,它可能是一件产品,或一种方法,或产品、方法的改进。而中国实用新型的保护对象可以是对产品的形状、构造或者其结合所提出的适于实用的新的技术方案,它不包括方法或方法的改进。

(二) 实体性要求

菲律宾实用新型需满足两个实体性条件:新颖性和工业实用性。

新颖性的含义是,如果实用新型的主题不属于现有技术的一部分,则认为它具备新颖性。此处的现有技术包括在申请日(如有主张优先权则指优先权日)以前以书面或口头描述、以使用或其他方式能够公开获得的世界上的所有知识。菲律宾实用新型采用的是绝对新颖性标准。由于菲律宾的发明专利同样采用的是绝对新颖性标准,故实用新型的新颖性标准与发明专利的新颖性标准相同。

在实用新型的申请日前12个月内,该申请的信息的公开并不会导致该实用新型新颖性的丧失,只要该公开属于以下情况:①是由发明人实施的公开；②由专利部门实施的公开，该信息包含在发明提起的另一个申请中而专利部门不该将其公开而公开的；或者直接或间接从发明人处获得发明的第三人未经发明人同意而进行专利申请而致其被公开的；③第三人直接或间接从发明人处获得该信息而将其公开的。

工业实用性是指，如果一项实用新型的主题可以在任何一种工业中被制造或使用，则应当认为它具有工业实用性。

与中国不同的是，菲律宾实用新型要求具备新颖性和工业实用性，而中国实用新型则要求具备新颖性、创造性和实用性。中国实用新型创造性是指，申请实用新型的发明创造相对于现有技术来说，具备实质性特点和进步性。

（三）保护期

实用新型的保护期限从申请日起7年届满，不可延展。

三、程序性规定

（一）申请途径

《巴黎公约》成员国的外国申请人可以依《巴黎公约》途径，直接在菲律宾提出实用新型申请。直接在菲律宾提出实用新型申请时，申请人可以要求一项或多项优先权。

申请人也可以先提出PCT专利申请，自最早的优先权日起30个月内进入菲律宾国家阶段，请求获得实用新型保护。在缴纳了延迟进入国家阶段的延期费的情况下，该期限可以延长1个月。

根据菲律宾已参加的国际公约、条约或根据互惠对等原则，申请人就同一发明申请菲律宾实用新型的，可以享有外国优先权。该实用新型申请的申请日为该申请人在其他成员国提出的在先专利申请的申请日。申请人在提交实用新型申请时要求国外优先权的，应当：①明确提出优先权主张；②该实用新型申请是在其他国家提出专利申请之日起12个月内；③并且在 6 个月内提交其已向外国提出专利申请的证明材料及材料的英译本。在菲律宾的知识产权法中，对于实用新型均没有关于本国优先权的规定（发明和外观设计亦然），而中国实用新型申请可以要求外国优先权，或者要求本国优先权。

在实用新型注册申请被注册或者驳回前的任何时候，实用新型注册申请人可缴纳规定的费用，将实用新型注册申请转换成发明专利申请，申请日仍为最初的申请日。该转换仅能进行一次。同时，在专利申请被授权或者驳回前的任何时候，专利申请人可以缴纳规定费用，将发明专利申请转换成实用新型注册申请，申请日仍为最初申请日。

对于同一主题，申请人不得同时或者连续递交一件实用新型申请和一件发明专利申请。在申请人提交针对同一主题的两件或更多件申请的情况下，具有最早申请日或优先权日的申请将会被审查，而其他申请将会被视为撤销。与菲律宾不同，申请人对于同一主题可以在中国同时递交一件实用新型申请和一件发明专利申请，两者都将会被受理并审查。在事先注册的实用新型专利权尚未终止的情况下，申请人既可以通过修改发明专利申请来使得该发明专利得到授权，又可以通过放弃实用新型专利权来使得该发明专利得到授权，从而避免重复授权。

（二）申请文件

实用新型的申请文件应当包括：请求书、说明书、权利要求书、理解该实用新型所需的附图以及摘要。

权利要求书中仅可以包含一项独立权利要求以及一项或多项从属权利要求。如果说明书中的多个实施方式是独立的且不属于一个总的发明构思，则针对具体实施方式可以提出分案申请，该分案申请有权享有在前实用新型申请的申请日。

说明书应当写明该实用新型的技术领域，对于理解该实用新型有用的背景技术、技术问题、技术手段、技术效果以及至少一个实施方式。说明书应当充分清楚、完整地公开该实用新型，确保本领域的技术人员能够实施该实用新型。

实用新型申请应当以书面形式或电子形式以菲律宾文或者英文提交。

(三) 审查

菲律宾知识产权局对实用新型的审查范围主要是形式上是否满足保护的要求，而不进行实质审查（新颖性和工业实用性）。同时，还要审查要求保护的客体是否属于被实用新型法排除的客体。

但是，任何利害关系人在缴纳请求费的情况下可以请求获得关于注册的实用新型的注册性报告。在接收到注册性报告请求日起2个月内应当向请求人送达注册性报告。注册性报告包括对相关现有技术文件的引用以及针对权利要求的新颖性进行的评述。注册性报告还包括检索范围。

如果实用新型申请通过了形式审查，则公开该申请；如果没有通过形式审查，则将形式审查报告通知申请人，并且要求申请人在该形式审查报告送达之日起的2个月内进行答复。针对形式审查报告，申请人可以修改实用新型申请，主动撤销该实用新型申请，或者将该实用新型申请转换成发明专利申请。

自公开之日起30日内，任何人可以提供影响该实用新型注册的书面信息。国家知识产权局将会裁定是否注册该实用新型，或者指示申请人修改该实用新型以使其满足注册要求。修改后的申请文件在注册前将会再次公开。

自实用新型的申请日起，注册程序平均在1~1.5年内完成。

(四) 授权后程序

任何利害关系人在缴纳相关申请费后，都可以以如下理由向国家知识产权局申请撤销实用新型注册：

1) 实用新型的主题属于被排除授权的发明主题，或者缺乏新颖性或工业实用性。

2）说明书和权利要求书不符合规定条件。

3）未提供必要附图以了解该发明。

4）实用新型注册所有人并非发明人或其权利继承人。

若以实用新型权利人未经在先权利人同意而将其说明书、图例、模型、工具或者设备的实质性内容进行了实用新型登记为由，请求撤销该实用新型的，撤销请求人只能是该在先权利人本人。

提出撤销请求应当以书面形式提交撤销的理由和证据。

针对撤销请求，法律事务局局长应尽快向实用新型所有人及其他利害关系人发出听证通知，并通知他们举行听证的时间。法律事务局局长可以组织三人委员会来进行裁定。三人委员会由两位技术成员和该法律事务局局长组成。对于该委员会的决定，当事人可以向知识产权局总局长上诉。

（五）费用

申请实用新型需缴纳申请费和公开费，该项费用应当在申请日起的1个月内缴纳。菲律宾实用新型申请的官方基本申请费为80美元，代理费用为350美元。如果权利要求的数目超出五项，则每项权利要求额外缴纳官费5美元以及代理费10美元。

（六）代理

如果实用新型申请者并非菲律宾公民，必须委托菲律宾的专利代理人或代表，以便向其送达与专利申请或专利权有关的行政或司法程序中的通知和决定。

四、保护

实用新型登记后，只有权利人有权实施该实用新型的主题。未经权利人的同意，任何人均不得制造、使用、销售、许诺销售或者进口属于该实用新型主题的产品，或者使用属于该实用新型主题的方法以及制造、交易、使用、销售、许诺销售或者进口直接或间接由该方法所得的产品。但是，实用新型的效力不及于下列行为：

1）使用由产品所有人或者经其明确同意投放到菲律宾市场中的专利产品，只要该使用是在该产品投入到上述市场中以后。

2）个人出于非商业目的或者不构成商业规模的行为，前提是该行为不会显著危害专利权人的经济利益。

3）仅为对专利发明进行试验的目的而实施的制造或者使用的行为。

4）在药店或者由药剂师针对单个病例，根据处方配制药品在内的行为。

5）该发明使用在其他国家的任何临时或者偶然过境的船只、航空器或者陆地车辆，发明只为船只、航空器或者陆地车辆的自身需要，而并非出于在菲律宾制造并销售的目的。

任何专利权人或者拥有该专利发明相关权利、利益的任何人，在权利受到侵犯时都可以向有管辖权的法院提起民事诉讼，而不需要事先提供由有关国家机关出具的该实用新型的评价报告。

在申请日或者优先权日前善意或者为在其企业或者经营中实施该发明已经进行了认真准备的在先使用者，应当有权继续在原使用范围内继续使用。

五、总结和建议

概括而言，菲律宾实用新型具有获权较为容易且费用较低，维权手续直接、简便等优点，但同时也具有权利的稳定性尚不确定的缺点。所以，我国申请人希望在菲律宾获得和运用实用新型时需要注意：

1）确保获得稳定的权利。虽然菲律宾对实用新型申请不进行检索和实质审查，但是，如果获得权利本身存在新颖性、公开不充分等实质性缺陷，很容易导致权利被撤销。所以，在提出申请前，应预先进行充分的检索和评估，周密而细致地准备申请文件，尽量减少各种缺陷，确保获得稳定的权利。并且，在行使实用新型权利前，可以请求获得实用新型注册性报告，以确定权利的稳定性。

2）认真应对挑战。菲律宾实用新型发生争议时，无论是在撤销程序还是在诉讼程序中，败诉一方不但需要承担法定的程序费用，而且需要承担对方因该争议而产生的律师费等合理费用。所以，一旦发生争议，就应该积极应对，而不应听天由命，否则，不但有可能导致权利的丧失，还可能招致严重的经济损失。

第六节　格鲁吉亚实用新型

一、概述

格鲁吉亚于 1995 年 8 月 24 日通过新宪法，并相继制定了一系列知识产权法律，其中包括：《植物新品种保护法》（1996 年）、《集成电路布图设计法》（1999 年）、《商标法》（2010 年）、《专利法》（2010 年）、《著作权和邻接权法》（2010 年）、《工业品外观设计法》（2010 年）、《动物新品种保护法》（2010 年）等。现行《专利法》是 2010 年 5 月 4 日修正的第 3031 号法。

格鲁吉亚《专利法》允许优先申请日为 1972 年 5 月 1 日以后的苏联的发明人证书或有效专利就其剩余有效期转授为格鲁吉亚专利。对于尚未结案的苏联发明申请可转入格鲁吉亚专利局继续审查，并保留原优先申请日期。

格鲁吉亚是世界贸易组织成员和世界知识产权组织成员，加入了大多数与知识产权有关的国际条约，其中与专利有关的国际条约包括《国际承认用于专利程序的微生物保存布达佩斯条约》（2005 年 9 月 30

日)、《保护工业产权巴黎公约》(1991年12月25日)、《专利合作条约》(1991年12月25日)。

格鲁吉亚知识产权中心(National Intellectual Property Center of Georgia,简称Sakpatenti),是格鲁吉亚的知识产权行政主管机关。其职责包括对发明专利、实用新型、外观设计、商标、集成电路布图设计、地理标志等各类工业产权保护对象进行受理、审查、授权或注册。此外,格鲁吉亚著作权的管理工作也归属于Sakpatenti。

根据世界知识产权组织的统计,2007—2016年,格鲁吉亚的实用新型年申请量基本上都低于100件,同期,其发明专利的申请量也从2007年的248件下降为2016年的99件,表明其专利活动并不活跃。

下面简要介绍格鲁吉亚的实用新型制度。

二、实体性规定

(一)保护客体

在格鲁吉亚,实用新型主要针对小发明或改进,其专利权客体包括产品和方法。也即,格鲁吉亚的实用新型与发明的保护客体是相同的。

然而,格鲁吉亚专利法并未正面规定什么是专利保护的客体,只是明确排除了如下客体:

1)发现、科学理论、数学方法。

2)艺术创造。

3)算法、计算机程序。

4)教育、教学的方法与系统,语言的语法系统,智力活动的方法,游戏或赌博的规则。

5)商业和组织管理的方法。

6)构筑物、建筑物和土地的规划设计及方案。

7)信息演示方法。

此外,违反公序良俗的发明、针对人和动物的疾病的诊断和治疗方法、动植物品种等也是被专利法排除的客体。

(二) 实体性要求

在格鲁吉亚，实用新型需满足三个实体性条件：新颖性、创造性和工业实用性。

新颖性是指，如果该实用新型所涉及的发明创造未构成现有技术，则具备新颖性。现有技术包括在国内外公开发表的（包括书面和口头）或公开使用的技术。在判定实用新型的新颖性时，抵触申请也构成现有技术。抵触申请是指他人在该实用新型的申请日或优先权日之前在 Sakpatenti 提交，并在该申请日或优先权日之后公开的专利或实用新型。

创造性是指，如果实用新型相对于现有技术，对本领域技术人员而言不是显而易见的，则该实用新型具有创造性。在判定创造性时，抵触申请不构成现有技术。

工业实用性是指，如果可以在任何类型的工业中被制造和使用，则该实用新型具有工业应用性（实用性）。

(三) 保护期

格鲁吉亚实用新型的保护期限自申请日起 10 年。

三、程序性规定

(一) 申请途径

《巴黎公约》或世界贸易组织成员的外国申请人可以依《巴黎公约》途径，在格鲁吉亚提出实用新型申请。

申请人也可以先提出 PCT 专利申请，自最早的优先权日起 31 个月内进入格鲁吉亚国家阶段，请求获得实用新型保护。

Sakpatenti 接受格鲁吉亚语的申请以及任何语言的其他申请文件。如果提交外国语的申请文件，申请人应在申请提交日起 2 个月内提供格鲁吉亚语翻译。否则，用外国语提交的申请材料应被视为未提交。

在《巴黎公约》或世界贸易组织的成员提交申请的申请日起 12 个月内，申请人向 Sakpatenti 提交该申请的，可以依《巴黎公约》享有优先权。

在《巴黎公约》或世界贸易组织的成员举办的官方确认的展览会展出日期起 6 个月内，申请人向 Sakpatenti 提交该申请的，可以享有展会优先权。

申请人由于情有可原的理由没有在以上时限内向 Sakpatenti 提交申请的，可以在后续的 2 个月内要求公约优先权或展会优先权。

申请人要求享有公约优先权或展会优先权的，应当：

1）在向 Sakpatenti 提交申请时或在申请日起 4 个月内指出要求优先权的意图，不应晚于所要求的优先权日起 16 个月。

2）在主张公约优先权或展会优先权的日期起 3 个月内向 Sakpatenti 提交证明主张相关优先权的文件。

在以下情况下优先权成立：

1）同一申请人在先提交的公开了发明的实质内容的申请的提交日起 12 个月内，提交该申请的。申请人应在向 Sakpatenti 提交申请时或在申请日起 4 个月内指出要求优先权的意图，不应晚于所要求的优先权日起 16 个月。在先申请应被视为撤回。

2）基于多个符合上一款要求的在先申请。

申请人可以针对同一项发明同时申请发明专利和实用新型专利。Sakpatenti 将对以上发明专利和实用新型专利进行分别独立地审查并做出决定。对发明专利授权时，需撤回相应的实用新型专利。由于发明专利缺乏新颖性而被驳回的，则相应的实用新型失效。在决定授予专利权之前，允许将发明申请转换为实用新型申请，反之亦然。发明或实用新型申请转换时，保留发明或实用新型的优先权及申请日。

（二）申请文件

申请实用新型时，应当提交：

1）规定的专利授予请求书。请求书中应按规定填写实用新型发明人（多个发明人）、申请人（多个申请人）、其居住地或所在地、实用新型名称、代理人信息等，由申请人和专利代理人签字。

2）实用新型说明书。说明书中的技术方案需要充分公开到足以实施的程度。

3）实用新型权利要求书。阐述实用新型实质并完全以实用新型说明书为依据。

4）附图（如果对于理解实用新型实质是必需的）。

5）摘要。

实用新型的提交日期为保护全部规定文件的实用新型申请到达Sakpatenti的日期，或者最后的文件（如果上述文件未同时提交）到达日期。

Sakpatenti仅接受格鲁吉亚语的申请。

权利要求书中可以包括一项或多项权利要求，并且仅能包括一项独立权利要求。

既接受纸件形式的实用新型申请，也接受电子形式（.doc格式，Sylfaen字体）的实用新型申请。

申请人可以在申请公开之前撤销专利申请。

（三）审查

Sakpatenti首先对实用新型申请进行形式审查，在形式申请满足要求之后审查实用新型的新颖性和创造性。还需要审查要求保护的客体是否属于实用新型保护客体。

对于实用新型的新颖性的审查，Sakpatenti仅基于在Sakpatenti提交的申请进行检索。对于实用新型的创造性的审查，Sakpatenti基于世界范围的文献公开和使用公开进行检索。对于实用新型的创造性的审查标准低于发明的创造性的审查标准。

在做出授予或拒绝授予专利权的决定前，申请人有权对申请文件进行修改，包括提交补充材料，前提是这些修改没有改变所申请专利的实质内容。

如果实用新型申请审查结果确认提交的申请属于可作为实用新型保护的技术解决方案，且申请文件符合规定要求，Sakpatenti 则做出授予专利权的决定。

在 Sakpatenti 决定授予实用新型专利权后，将实用新型登入工业产权登记簿，并颁发专利证书。同时，Sakpatenti 在其官方公报中公布授予专利权的有关信息，专利权信息公布之后，任何人均有权查阅。

如果审查结果确认提交的实用新型申请不属于可作为实用新型予以保护的解决方案，则 Sakpatenti 做出拒绝授予专利权的决定。

自实用新型的申请日起，审查程序平均在 1 年内完成。

（四）授权后程序

实用新型授权后，他人可以挑战该权利。挑战实用新型权利的途径有两条：一是授权后请求重审（Re-examination）；二是请求宣告无效（Invalidation）。

授权后请求重审是指实用新型授权公告后，在其权利有效期间，利害关系人可以以该实用新型不符合授权要求为由，向 Sakpatenti 请求重审该实用新型。

请求重审时，请求人应当向 Sakpatenti 提交书面材料，说明该实用新型不符合授权条件的理由，并提供相应的证据。如果请求人所提交的证据为外文，应当在提出请求之日起 1 个月内提交该外文的格鲁吉亚语译文，否则将被视为未提出。

实用新型的权利人可以在重审请求提出之日起 2 周内提交书面反驳，该书面反驳将在重审中予以考虑。重审的结果有可能是驳回请求人的请求，或者部分或全部撤销该实用新型。

任何人可以以如下理由向法院请求宣告已授权的实用新型无效：

1）实用新型的主题不是实用新型保护的客体。

2）对实用新型的描述没有达到能够实施的程度。

3）实用新型的客体落入《专利法》第 16 条所规定的不可当作发明的客体的类型。

4）实用新型的客体落入《专利法》第 17 条所规定的不可授予专利的客体的类型。

5）实用新型的主题超出优先权申请的内容范围，或者基于分案申请授权的实用新型及其主题超出首次申请的范围。

6）实用新型的权利人根据《专利法》第 19 条的规定不具有持有实用新型的权利。在这种情形下，无效请求人可以不请求实用新型的无效，可以要求实用新型权利人将该权利转让给己方。

实用新型被宣告无效后，其效力被认为自始不存在。

（五）费用

申请实用新型需缴纳申请费。直接申请时，格鲁吉亚实用新型的官方申请费为 90 美元，优先权费用为 30 美元，审查新颖性费用为 90 美元，授权费为 170 美元，3~4 年的年费是 50 美元，5~6 年的年费是 70 美元，7~8 年的年费是 170 美元，9~10 年的年费是 300 美元。

相对应地，格鲁吉亚专利代理人或律师代理实用新型申请的基础服务费约 320 美元，其包括申请的递交以及之前的必要准备。此外，请求实质审查的费用约为 90 美元，授权服务费用约为 150 美元。代理费用具体因不同的服务机构而上下浮动，以上费用仅供参考。

（六）代理

除非格鲁吉亚签署的国际条约另有规定，否则常住格鲁吉亚境外的公民、外国法人在 Sakpatenti 办理有关事务时应通过在 Sakpatenti 登记的专利代理人进行。

四、保护

实用新型登记后，只有权利人有权实施该实用新型的主题。未经权利人的同意，任何人不得制造、提供、销售、使用或者为上述目的的进口、储存属于该实用新型主题的产品。

实用新型权利人可以以获得注册的实用新型的权利受到侵犯为由，直接向侵权者发送律师函或向法院提起诉讼，而不需要事先提供由有关国家机关出具的该实用新型的评价报告。

五、总结和建议

格鲁吉亚的实用新型制度主要有以下特点：

1）格鲁吉亚实用新型专利权的获取较难。原因在于，每件实用新型申请都必须经历实质审查。

由于格鲁吉亚的实用新型申请都经历了实质审查，因此所获取的权利的稳定性较好。

2）格鲁吉亚实用新型申请不能包含属于一个总的发明构思的多个实用新型。一项实用新型被定义为单个实用新型，仅能包含一个独立权利要求。

3）格鲁吉亚实用新型的保护客体丰富，可以包括方法。

因此，建议在申请格鲁吉亚的实用新型时，可以考虑保护与方法相关的申请。而且，在提出申请前，应预先进行充分的检索和评估，周密而细致地准备申请文件，尽量减少各种缺陷，确保获得稳定的权利。

第七节　马来西亚实用创新

一、概述

马来西亚于1983年颁布了《专利法》（现行的《专利法》为2006

年修订），于 1986 年颁布了配套的《实施细则》（现行的《实施细则》为 2011 年修订），对专利、实用创新（Utility Innovation）及工业设计提供保护。马来西亚实用创新也被称为"小发明"。通常，可以利用实用创新来对现有产品或方法进行递增式改进。相比于发明，实用创新能够更容易地获得授权，并且费用更为低廉。

马来西亚于 1989 年成为世界知识产权组织成员，并于 1989 年 1 月 1 日加入《保护工业产权巴黎公约》，于 2006 年 8 月 16 日加入《专利合作条约》。

马来西亚知识产权局（MyIPO）于 2003 年成立，隶属于国内贸易、合作和消费者权益保护部（Ministry of Domestic Trade, Co-Operatives and Consumerism），行政和财务自治。MyIPO 主要负责马来西亚知识产权系统的开发和管理，包括专利、实用创新、外观设计、地理标志、商标、集成电路布图设计和版权等的行政管理。

根据 WIPO 的统计，2007—2016 年，马来西亚的发明专利申请量基本上维持在每年 1000 件以上，而实用创新专利申请数量远远小于专利申请；2007—2016 年，实用创新申请量从每年 78 件上升到每年 159 件，申请量大体呈现上升趋势，但是实用创新的申请活动并不活跃。

下面简要介绍马来西亚的实用创新制度。

二、实体性规定

（一）保护客体

与中国不同，马来西亚实用创新的保护客体既可以是产品，也可以是方法。根据《专利法》的规定，实用创新指创造工业上能够应用的新的产品或方法，或者对已知产品或方法的任何新的改进。

实用创新的保护不适用于：发现、科学理论和数学方法；动植物品种或者生产动植物的主要是生物学的方法，不包括人造微生物、人造微生物学方法以及用该方法所获得的微生物制品；商业活动、智力活动或者游戏的方案、规则和方法；对人体或者动物体进行外科手术或者其他治疗的方法，以及在人体或动物体上施行的诊断方法，上述方法中使用的产品除外。

（二）实体性要求

马来西亚的实用创新需满足两个实体性条件：新颖性和工业实用性。

马来西亚采用的是绝对新颖性标准。新颖性的含义是，如果一件实用创新没有被现有技术所覆盖，则该实用创新具备新颖性。这里的现有技术包括：（a）在专利申请日或者优先权日前，在世界范围内以书面出版物、口头披露、使用或者其他方式向公众公开的全部内容；（b）下述国内专利申请的内容，即该国内申请的申请日或者优先权日比（a）项所述的专利申请有更早的专利申请日或者优先权日，且该内容被包含在基于该国内申请授予的专利权中。

马来西亚《专利法》给予实用创新不丧失新颖性的宽限期与中国不同。在马来西亚，如果公开发生在申请日前 1 年内，并且是由申请人或该专利申请的原权利人的行为导致的或者是因侵犯申请人或者原权利人的权利的行为导致的，则该公开不会使实用创新申请丧失新颖性。

工业实用性是指，如果一项实用创新的主题可以在产业中制造或使用，则具有工业实用性。

（三）保护期

马来西亚实用创新的初始保护期限为自申请日起 10 年。在 10 年保护期届满前，专利权人（无论是否与最开始获得专利权时相同）可申请延长 5 年，并且在这 5 年届满之前，可申请再延长 5 年。

提出该延长申请时，需要提交说明该实用创新在马来西亚仍处于商业应用或工业应用中或令人满意地解释该实用创新为何未被使用的宣誓书，并缴纳请求费。

三、程序性规定

(一) 申请途径

《巴黎公约》成员国的外国申请人可以依《巴黎公约》途径,直接在马来西亚提出实用创新申请。直接在马来西亚提出实用创新申请时,申请人可以要求一项或多项优先权。

申请人也可以先提出 PCT 专利申请,自最早的优先权日起 30 个月内进入马来西亚国家阶段,请求获得实用创新保护。30 个月期限届满导致国际申请视为撤回的,可在下述两个期限中先届满的期限内递交恢复请求:(a) 无法满足 30 个月期限的原因消除后 2 个月;(b) 30 个月期限期满之后 12 个月内。

实用创新可以根据《巴黎公约》享受本国或外国优先权。优先权的基础可以是实用创新,也可以是发明。自发明专利或实用创新首次在马来西亚或其他国家提出申请之日起 12 个月内,申请人就同一发明申请实用创新的,可以享有优先权。

优先权声明中,在先申请的申请号最迟可以在在后申请的申请日起 3 个月内提出。

另外,在马来西亚,在满足形式规定的前提下,实用创新和发明可以相互转换。专利申请可以应申请人的要求而将实用创新变更为发明,或将发明变更为实用创新。该变更请求只能在发出标准实质审查报告或变通的实质审查报告的 6 个月内提出。对于一项发明创造,申请人可以同时申请一件发明专利和一件实用创新专利,但只能有一个被授权。

(二) 申请文件

在马来西亚,为了获得申请日,需要提交的文件至少应包括:申请人和发明人的姓名或名称和地址,包含说明书及权利要求书的申请文件,以及在要求优先权情况下在先申请的国籍和申请日。

与中国不同的是，马来西亚实用创新的申请文件中，附图不是必需的。

在马来西亚申请实用创新专利时，如果申请人不是发明人，应提交用于解释申请人从发明人处获得权利的声明（公司职员/转让证明等）。

实用创新申请的权利要求书中只能包括一项权利要求。

马来西亚专利申请及任何相关的声明或文件应采用英语和马来西亚语。实践中，几乎所有的申请都采用英语。除非审查员要求，否则不必提供经证明的优先权文件副本或其译文。

MyIPO 既接受纸件形式的实用创新申请，也接受电子形式的实用创新申请。

(三) 审查

与中国不同，除了形式审查之外，MyIPO 对还实用创新进行实质审查。如果实用创新专利申请已通过形式审查，申请人应在规定期限（对于直接申请，自申请日起 18 个月；对于 PCT 进入国家阶段的申请，自国际申请日起 4 年）内请求实质审查。实质审查包括标准实质审查和变通的实质审查。

标准实质审查是指，MyIPO 自己对实用创新进行检索和审查，以评估实用创新申请是否具备新颖性和工业实用性。在标准实质审查中，审查员会参考规定的外国（澳大利亚、英国、欧专局、日本、韩国、美国）知识产权机构对同族专利申请的检索和审查结果。在提出标准实质审查请求时，申请人应提交：与同族专利申请的递交有关的信息或支持文件；由国际检索机构依据 PCT 进行的、对与该专利申请要求保护的发明创造相同或者实质上相同的发明创造进行的检索或审查的结果。

变通的实质审查是指，如果在马来西亚之外的规定国家或者根据指定的条约或者国际公约，与该专利申请要求保护的发明创造相同或者实质上相同的发明创造已获得授权，则 MyIPO 将基于已授权的专利来简化审查过程。变通的实质审查请求只能在相关申请已被授权的情况下提出，并且变通的实质审查只能基于单个外国专利来进行。提出变通的实质审查请求时，申请人应同时提交经证明的外国专利授权文本（如果该专利不是英文书写的，需要提供其经证明的英文翻译），并保证马来西亚申请的说明书、权利要求书和附图（如果有）与外国授权专利实质上相同。

另外，申请人可以请求暂缓提交实质审查请求的期限。该暂缓请求只能基于以下理由：截至提出实质请求的期限届满时，（a）在马来西亚之外的规定国家或者根据指定的条约或者国际公约，与该专利申请要求保护的发明创造相同或者实质上相同的发明创造所涉及的专利尚未被授权或无法获得，或者（b）由国际检索机构依据PCT进行的、对与该专利申请要求保护的发明创造相同或者实质上相同的发明创造进行的检索或审查的结果所涉及的文件或信息无法获得。

暂缓请求只能提出一次，允许暂缓的最大期限为自申请日起5年，并且该期限不适用于延期。

在实质审查过程中，申请人可以基于下述理由请求加速审查：为了国家或公共利益；正发生侵权诉讼或有证据显示可能发生与专利申请相关的侵权诉讼；从递交加速审查请求起2年，所涉及的实用创新已商用或计划商用；专利申请的授权有利于认可的政府或机构的货币；实用创新涉及用于增强环保或节能质量的绿色技术；或支持该请求的其他合理原因。

实质审查通过后，将发出审查报告并授予专利权。

在马来西亚，实用创新专利申请不以纸件形式公布。自最早优先权日起18个月，公众可查阅申请文件（包括其修改）。

在申请过程中的任何阶段，申请人可以对说明书进行不超过原始公开范围的修改。

(四) 授权后程序

马来西亚实用创新申请支持授权后修改。登记主任可以根据专利权所有人提出的请求，根据《专利法》及其细则的规定对专利说明书、权利要求书、附图以及其他相关文件中的文字错误、明显错误或者可接受的其他原因进行修改。但该修改不能扩大修改前公开的范围或者扩大专利授权时的保护范围。

注意，不能对正在法院进行有效性审查的专利进行修改。

此外，任何相关利益人都可以基于下述理由向法院请求宣告实用创新无效。

1) 实用创新的主题属于被排除授权的发明主题或不符合实用创新的定义，或缺乏新颖性或实用性。

2) 说明书或者权利要求不满足实施细则的规定。

3) 未提交便于理解权利要求所必需的附图。

4) 专利权不应属于目前的专利所有人。

5) 在提出实质审查请求时，专利所有人或其代理人向审查员故意提交错误或者不完整的相关专利申请的信息。

其中，第 4 条无效理由可通过将专利权转让给正确的专利所有人来消除。

与中国不同，在马来西亚，单个权利要求的一部分可以被无效；此外，被无效的专利、部分权利要求或者权利要求的部分自授权之日起无效。

（五）费用

申请实用创新需缴纳申请费。直接申请时，马来西亚实用创新的官方申请费为 290 令吉（纸件递交）/260 令吉（电子递交）。PCT 途径申请时，官方申请费与直接申请时的费用相同。

标准实质审查的官方申请费为 1100 令吉（纸件递交）/950 令吉（电子递交）。变更的实质审查的官方申请费为 640 令吉（纸件递交）/600 令吉（电子递交）。

在马来西亚，实用创新申请授权之前，不需要缴纳维持费。为了维持实用创新的有效性，授权日起第三年开始，需要缴纳年费。第三年、第四年、第六年和第八年的年费分别为 160 令吉、210 令吉、260 令吉和 320 令吉。

马来西亚专利代理人或律师代理实用创新申请的基础服务费在 40 页说明书、1 项优先权的情况下约为 1100 令吉。进行变更的实质审查请求（包含基本修改）的基础服务费约为 1400 令吉。

以上费用均为 2018 年的费用水平，供申请人参考。

(六) 代理

在马来西亚没有住所或营业所的申请人，必须委托马来西亚的专利代理人或律师作为代理人，才能在 MyIPO 或马来西亚的法院进行各项事务。

四、保护

实用创新登记后，只有权利人有权实施该实用创新的主题。未经权利人的同意：（a）对于产品专利，任何人均不得制造、进口、许诺销售、销售或者使用实用创新主题的产品或出于销售、许诺销售或者使用的目的而储存该实用创新主题的产品；（b）对于方法专利，任何人均不得使用该实用创新主题的方法或对于依照该专利方法直接获得的产品，实施（a）项所述的行为。侵犯专利权的人将承担民事或刑事责任。

实用创新的效力不及于下列行为：

1）仅出于科学研究目的的行为。

2）对于为了向监管药品生产、使用、许诺销售和销售的有关机关提供的信息进行相关开发，而制造、使用、许诺销售或者销售专利产品的行为。

3）使用了受保护的实用创新的运输工具的临时过境行为。

实用创新权利人可以以获得注册的实用创新的权利受到侵犯为由，直接向侵权者发送律师函或向法院提起诉讼。在进行民事诉讼或刑事诉讼之前，可以考虑仲裁。

五、总结和建议

马来西亚实用创新具有获权方式多样、保护客体多样、保护期限长、权利的稳定性相对高、费用低廉的优点。我国申请人在马来西亚申请专利时，需要注意：

1）利用马来西亚专利类型可以相互转换的特点，最初进行专利申请时可以将申请类型指定为发明，然后根据收到的实质审查意见来决定是否将申请类型转换为实用创新，从而使发明较早地获得保护，特别是在审查意见表明专利不具备创造性时。

2）充分利用实质审查中的暂缓请求和变通的实质审查请求。马来西亚审查员更喜欢基于同族专利申请的正面审查结果来做出决定，因此在同族申请正在等待其他国家知识产权机构的审查结果时，可请求暂缓实质审查，并在同族申请被授权后，请求变通的实质审查。

3）若发生侵权行为，在提起民事或刑事诉讼之前，可考虑通过仲裁来迅速且经济地制止侵权。

第八节 蒙古国实用新型

一、概述

蒙古国的专利制度的完善基本上分为20世纪90年代中期的初步完善和21世纪初的基本完善。蒙古国现行《专利法》是2006年1月19日修订的。蒙古国专利保护的对象包括三种类型：发明、实用新型和外观设计。发明是指利用自然规律对产品或工业方法提出的具有创造性的新技术方案。实用新型是指对工业工具、设备、方法提出的能在工业上应用的新技术方案。外观设计是指对产品的形状、图案或色彩或色彩组合提出的新独特方案。蒙古国有关行政管理部门对于发明、外观设计颁发"专利",而对实用新型颁发"实用新型证书"。

蒙古国在1979年加入世界知识产权组织。另外,蒙古国在专利法的立法和专利制度的完善以及与世界接轨的过程这两方面与中国非常相似,都是按照1994年世界贸易组织《与贸易有关的知识产权协定》(TRIPs协议)有关条款完善了专利法。此外,蒙古国在1985年4月21日加入了《保护工业产权巴黎公约》,在1991年5月27日加入了《专利合作条约》。

蒙古国的专利管理机关包括工业产权局、知识产权局和国家注册总局。知识产权局负责有关发明、外观设计和实用新型的工作并具有以下主要功能:接收和审查发明、外观设计和实用新型的申请并做出决定;授予发明、外观设计专利权以及实用新型证书;保存发明、外观设计和实用新型的许可协议;维护发明、外观设计和实用新型的数据库;发布有关发明、外观设计和实用新型的信息等。

关于蒙古国实用新型的申请量,WIPO的统计显示:2008年的申请量为1件,2009年的申请量为119件,2010年的申请量为129件,2011年的申请量为2件,2012年的申请量为0件,2013年的申请量为157件,2014年的申请量为192件,2015年的申请量为149件,2016年的申请量为206件。可见,其申请量较少,但自2013年起呈现上升趋势。

下面简要介绍蒙古国的实用新型制度。

二、实体性规定

(一)保护客体

在蒙古国,实用新型是指对工业工具、设备、方法提出的能在工业上应用的新技术方案。就此来看，与我国不同的是，不仅是产品，方法也可以在蒙古国申请实用新型。不过，与我国类似的是，蒙古国《专利法》也明确规定了不授予专利（包括实用新型证书）的对象，具体包括以下情况：

1）发现、科学理论或数学方法。

2）计算机程序、算法。

3）用于执行智力活动、游戏、商业活动的方案、规则和方法。

4）违反公序良俗或对自然环境和人类健康有害的方案。

5）用于人或动物的治疗和诊断方法。

6）除微生物以外的动物、植物及用于生产动物和植物的生物学方法（注意：不包括非生物学方法和微生物学方法）。

（二）实体性要求

蒙古国《专利法》第6条对授予实用新型证书的主题及要求做出了以下规定：

1）实用新型证书应当授予新的能在工业上应用的实用新型的创造者或者授予受让其权利的自然人或法人。

2）实用新型应当被认为是"新的"，即不能由现有技术预见到它。

3）实用新型应当被认为是"能在工业上应用的"，即它可以被用在各种工业中。

4）实用新型应当被认为是"新的"，即它的特征在申请日之前不被公众所知晓。

以下各项内容均不应被认为是实用新型：

1）登记为实用新型之前，已经在蒙古国国内公开或者使用过的。

2）在此之前曾在本国或者外国发表过的。

3）违背公共秩序、道德规范的。

从蒙古国《专利法》的以上相关规定可以看出，在蒙古国，实用新型获得专利授权需要满足新颖性和实用性的要求，但没有创造性的要求。另外，在评价新颖性时，蒙古国采用的是相对新颖性的标准，即在申请日前没有在世界范围内的出版物上发表过，没有在蒙古国国内公开使用过。

(三) 保护期

实用新型的有效期限从申请日起算 7 年内。

三、程序性规定

(一) 申请途径

《巴黎公约》成员国的外国申请人可以依《巴黎公约》途径直接在蒙古国提出实用新型申请。

申请人也可以依 PCT 途径在蒙古国请求获得实用新型保护。

对于以《巴黎公约》途径进入蒙古国的申请，实用新型需在优先权日起 12 个月内提出蒙古国专利申请。

对于以 PCT 途径进入蒙古国的申请，实用新型需在优先权日起 31 个月内进入蒙古国国家阶段，该期限没有宽限。

关于优先权，蒙古国《专利法》还做出了以下相关规定：

《专利法》第 3.1.9 条规定："优先权日"是指就相同的发明或工业设计在巴黎公约或世贸组织的成员方提交专利申请的日期，该日期早于申请日。

《专利法》第 7.9 条规定：申请人可以要求在先国家申请、地区申请或国际申请的优先权，如果要求了优先权，则应当附上该申请的副本。

《专利法》第 7.10 条规定：在要求优先权的情况下，应当在申请中同时附上国际检索报告或初步审查报告。

《专利法》第 10.5 条规定：想要要求优先权的申请人应当在申请登记之日起 2 个月内提交书面声明以及在先申请的副本。

从以上内容可以看出，关于优先权，蒙古国与我国有以下主要区别：

（1）以 PCT 途径进入国家阶段的期限不同。如果是以 PCT 途径进入国家阶段，蒙古国需要在优先权日起 31 个月内进入，该期限没有宽限，而我国是在优先权日起 30 个月内进入，但在缴纳宽限费的情况下，可以宽限至优先权日起 32 个月内。

（2）提交书面声明以及在先申请副本的期限不同。蒙古国要求在申请登记之日起 2 个月内提交书面声明以及在先申请的副本，而我国要求在申请日起 3 个月内提交书面声明以及在先申请的副本。

按照蒙古国《专利法》的规定，申请人可以在审查的最终决定做出之前将发明转换为实用新型，也可以将实用新型转换为发明。

（二）申请文件

关于实用新型的申请文件，蒙古国《专利法》规定，其应包含请求书、说明书、权利要求书、解释说明和附图。实用新型的权利要求书应当限定法律保护的范围以及技术方案的必要技术特征。不同的实用新型应当分别提交申请。对于具有单一目的及用途的实用新型可以在一件申请中提交。

蒙古国专利申请的官方语言为蒙古语，其译文可以在申请日起 2 个月内补交，属于可以后补译文的类型，无论是通过 PCT 途径还是《巴黎公约》途径进入蒙古国国家阶段，都可以后补译文。

如果是外国人申请，则需要委托蒙古国专利代理人，签署委托书（无须认证），并在申请日起 3 个月内提交委托书。

另外，与我国不同的是，蒙古国《专利法》还规定，对于涉及人口粮食供应或与卫生有关的申请，应当附上由卫生和传染病部门出具的对人的健康或身体不会造成危害的证明文件。而且，在蒙古国，如果申请人并非创造者，则应附上证明其获得专利权、实用新型证书权的证明文件（如签署转让协议）。而在我国，如果属于公司职务发明，专利申请权即属于公司，公司可直接作为申请人提出专利申请，无须签署转让协议。

按照蒙古国《专利法》的相关规定，如果实用新型创造者的雇主没有在实用新型创造出来之日起6个月内进行申请，则实用新型创造者有权申请实用新型并获得实用新型证书。而我国的专利法并没有这样的规定。

(三) 审查

蒙古国《专利法》规定，知识产权局应当在收到实用新型申请之日起7日内审查申请的形式，如果经审查该申请符合相关规定，则应当将收到实用新型申请之日作为申请日。如果知识产权局认为申请不符合相关规定，则应当邀请申请人进行修改或补正。如果申请人在收到邀请之日起1个月内对实用新型做出了符合要求的修改或补正，则知识产权局应当将收到原始的实用新型申请之日作为申请日，但是如果没有做出相应的修改或补正，则该申请将被视为未提出。

在审查的过程中，在做出最终决定之前的任何时候，申请人都可以对申请做出修改或补正，只要这种修改或补正不超出原始申请的范围即可。而且在审查的过程中，申请人可以将一件申请分成两个或更多个分案申请，只要这些分案申请不超出原始申请的范围即可，或者，申请人还可以将若干件申请合并为一件申请，只要这些申请具有单一性即可。在做出最终决定之前，申请人可以将发明申请转换为实用新型申请，也可以将实用新型申请转换为发明申请，如果进行了这种转换，那么新的申请的申请日将是第一次提交申请的申请日。

审查员应当在申请日起1个月内进行审查，以确定是否满足可登记的要求并做出决定。

知识产权局应当在审查员决定登记实用新型之日起1个月内授予实用新型证书。

从蒙古国《专利法》的以上规定可以看出，对于实用新型的审查，蒙古国与我国有以下区别：

蒙古国《专利法》对审查的期限进行了明确的规定，即要求审查员在收到申请之日起 7 日内对申请的形式及主题进行审查，并且要求审查员在申请日起 1 个月内做出是否可登记的决定，知识产权局应当在审查员决定进行登记之日起 1 个月内授予实用新型证书。由此可见，在蒙古国，对于实用新型，实际上采用的是登记制度，并且最快 2 个月就可以获得实用新型证书。与此不同的是，我国《专利法》并没有对审查的期限做出明确的规定。

另外，按照蒙古国《专利法》的规定，申请人可以在做出最终决定之前的任何时间对申请文件做出修改或补正，而我国《专利法》则规定，申请人可以在申请日起 2 个月内提交主动修改的申请文件，除此之外，申请人只能针对审查员所指出的缺陷来修改申请文件。

另外，如前所述，按照蒙古国《专利法》的规定，申请人可以在做出最终决定之前将发明转换为实用新型，也可以将实用新型转换为发明，而我国《专利法》没有这样的规定。

（四）授权后程序

要求撤销专利的申请，应当在专利有效期限内提出。在以下几种情况下，已经获得授权的专利权可以被撤销：

1）违反《专利法》规定授予的专利，可以由争议评审委员会或法院撤销。

2）若放弃专利、拒绝缴纳或未在规定期限内缴纳专利费用，则由蒙古国知识产权局撤销专利。

上述第二种情况中，在专利的有效期限内，可以根据专利权人的请求恢复专利权。

此外，根据《专利法》第 25.4 条的规定，若必须受国家监督的实用新型的专利权从未实施，且专利权人未能证明其在本国内缺乏实施条件，则该专利权转移到蒙古国知识产权局。

（五）费用

对于实用新型的申请、维持、许可合同登记，申请人均需向蒙古国知识产权局缴纳费用。专利维持费应当按照蒙古国印花税法规定的数额和期限来缴纳。申请日起前3年的专利维持费，应当在专利授权决定做出之日起6个月内缴纳。后续的维持费，应当在相应期限之前的6个月内缴纳。没有按照期限缴纳费用的专利权人，在缴费期限后享有6个月的宽限期，但要额外缴纳与该期限内应缴纳维持费相等数额的附加费。此外，与维持该专利权相关的利害关系人，经专利权人同意，可以缴纳专利维持费。

专利代理人应向知识产权局提供有关实用新型工作报告，并应向知识产权局支付10%的服务费。

（六）代理

如前所述，如果是国外申请人，则需要委托蒙古国专利代理人，签署委托书（无须认证），并在申请日起3个月内提交委托书。

四、保护

根据蒙古国《专利法》第18条的规定，实用新型证书的权利人有权禁止他人生产、销售、使用包含该实用新型所要求保护的技术方案的产品，或者为了前述目的而储存或出口上述产品。

该条同时规定，下列行为不视为侵犯实用新型证书的权利人的独占权利：

1）实用新型证书的权利人或经实用新型证书的权利人同意的他人使用在国内市场投放的实用新型产品的行为。

2）为科学研究、教育或实验目的使用实用新型所要求保护的产品的行为。

3）在临时进入蒙古国境内的交通运输工具上使用实用新型所要求保护的产品的行为。

4）以非营利目的使用实用新型所要求保护的产品的行为。

根据蒙古国《专利法》第29条的规定，对于侵犯实用新型专有权的行为，侵权人将承担如下责任：

1）对于违反《专利法》但尚未构成犯罪的行为，应给予如下行政处罚：

①由法官或国家检察官对自然人处以数额为每月最低工资的2~6倍的罚款，对法人处以数额为每月最低工资的10~20倍的罚款。

②由法官对有过错的自然人处以4~14日的拘留。

③由法官或国家检察官下令没收非法货物或物品，将非法收入上缴国库，销毁侵权产品，并勒令停止侵权行为。

2）侵犯实用新型权利所有人或发明人的侵权人，应当承担蒙古国法律规定的责任。

3）因侵犯实用新型权利所有人或发明人而造成的损失应予赔偿，赔偿额度由法院根据蒙古国民法的规定进行确定。

实用新型专利权人不需要官方出具专利权评价报告，即可警告或起诉侵权者。

五、总结和建议

蒙古国加入了《巴黎公约》《专利合作条约》和《与贸易有关的知识产权协定》。当通过PCT途径进入国家阶段时，PCT进入蒙古国国家阶段的期限为自优先权日起31个月（该期限无法延长或请求恢复）。蒙古国将注册登记的实用新型称为实用新型证书。从专利的保护期限来看，蒙古国实用新型的保护期限只有7年。

蒙古国专利申请的官方语言为蒙古语，其译文可以在申请日起2个月内补交。蒙古国专利主要申请文件要求提供专利申请说明书、权利要求书、摘要、附图。在申请所需提供的签署或证明文件上，蒙古国专利申请委托代理机构的，签署的委托书可以在申请日起 3 个月内提供；蒙古国专利申请中，如果发明人并非申请人，应当附上证明其获得实用新型证书权的证明文件（如签署转让协议）；如果要求外国优先权，蒙古国知识产权局要求在 2 个月内提交在先申请文件副本。

审查形式与审查周期方面，蒙古国实用新型专利申请无须进行实质审查，初步审查合格后即可登记领证。在审查周期上，蒙古国实用新型要求在申请日起 1 个月内决定是否可以登记领证，故一般 2 个月左右可以拿到实用新型证书；在审查员发出最终审查决定之前，可以请求将实用新型申请变更为发明专利申请。

总之，蒙古国实用新型具有获权较为容易且快速，获权方式多样，费用较低，维权手续直接、简便等优点。因此，当在蒙古国进行专利申请时，申请人可以考虑更多地申请实用新型。

第九节　泰国小专利

一、概述

泰国于 1979 年颁布了第一部《专利法》，1992 年和 1999 年对其进行了较大修改。该《专利法》保护发明、产品设计及小专利（Petty Patent）。其中"小专利"类似于中国的实用新型。

泰国加入了部分与知识产权有关的国际组织和条约。泰国于 1989 年 12 月 25 日加入世界知识产权组织，于 2008 年 8 月 2 日加入《保护工业产权巴黎公约》，2009 年 12 月 24 日加入《专利合作条约》。

泰国的专利审查部门为泰国知识产权厅（Department of the Intellectual Property，DIP），隶属于泰国商业部。专利局为泰国知识产权厅的下级机构，设有 10 个室：办公室、注册室、第一小专利审查室、第二小专利审查室、机械工程审查室、电学与物理审查室、生物与医药审查室、普通产品设计审查室、工业设计审查室和异议室。

泰国知识产权厅对发明专利和设计专利申请采用早期公开延迟审查制，对小专利采用初步审查登记制。

泰国的小专利申请量 2014 年为 1760 件，2015 年为 2189 件，2016 年为 2616 件，呈逐年上升态势，然而非本国居民申请量只占其中很小的一部分。

下面简要介绍泰国的小专利制度。

二、实体性规定

（一）保护客体

在泰国，产品和方法皆可申请小专利保护。小专利的保护不适用于：自然存在的微生物及其成分、动物、植物或动植物提取物；科学或数学规则或理论；计算机程序；人类和动物疾病的诊断、治疗及治愈方法；违背公共秩序、道德、健康或福利的方法。除此之外皆可申请小专利保护。

（二）实体性要求

泰国的小专利需满足新颖性和工业实用性的要求。

如果一项小专利不是现有技术，就被认为具有新颖性。下列技术属于现有技术：

1）在申请日之前，一项技术被国内公众广泛知晓或者使用。

2）在申请日前，一项技术在国内外出版物、文件上被描述或者以其他方式被公开。

3）在申请日前，同样的发明在国内或国外被授予发明专利权或小专利。

4）在申请日前，同样的发明在国外被申请专利或小专利已经超过

18个月，且未被授权。

5) 在申请日前，同样的发明在国内或国外被申请专利或小专利，且该申请已经被公开。

但如果由于非法获得而公开，或者是由发明人参加国际展览会或者官方展览会的展示而公开，而且在申请日前12个月，则不破坏小专利的新颖性。由此可以看出，泰国对于不丧失新颖性的宽限期要宽于我国的6个月。

如果一项小专利的主题可以在包括农业、手工业在内的任何产业中制造或使用，则应当认为它具有工业实用性。

(三) 保护期

泰国小专利的保护期限自申请日起6年，可以延展2次，每次延展2年，必须在保护期限届满前90天内提出延展请求。

三、程序性规定

(一) 申请途径

泰国于2008年成为《巴黎公约》成员国。《巴黎公约》成员国的外国申请人可以依《巴黎公约》途径，直接在泰国提出小专利申请。直接在泰国提出小专利申请时，申请人可以要求一项或多项优先权。

申请人也可以先提出PCT专利申请，自最早的优先权日起30个月内进入泰国国家阶段，请求获得小专利保护。

根据《巴黎公约》，小专利可以享受本国或外国优先权。优先权的基础可以是小专利，也可以是发明专利。自发明专利或小专利首次在泰国或其他国家提出申请之日起12个月内，申请人就同一发明申请小专利的，可以享有优先权。

任何人对同一项发明不能既申请发明专利又申请小专利。

在递交小专利申请或者发明专利申请之后，小专利的申请人或者发明专利的申请人仍然可以在申请公布之前或者小专利申请准予注册之前或发明专利准予授权之前，提交请求将其小专利申请转换成发明专利申请，或者将其发明专利申请转换成小专利申请。转换之后的申请享有原申请的申请日。

（二）申请文件

申请小专利时，应当向泰国知识产权厅提交以下材料：

1）专利请求书，写明申请人的姓名和地址、发明人的姓名和地址。

2）专利说明书（包含权利要求、摘要和有关图表）。

3）优先权文件（需要优先权申请所在国专利局的认证副本）。

4）专利代理人委托书。

5）发明人或申请人正式署名并公证的委托书。

6）如果申请人是发明人，应提供申请人签署的权利声明原件；如果申请人不是发明人，应另提供发明人和申请人签署的转让协议原件（不需公证书）。

专利说明书应当包含：发明名称；发明实质和目的的简要声明；发明的详细说明（其说明应当完整、简明、清楚，使得本领域技术人员能够制造和使用本发明，并且应当阐明实施本发明的最佳实施方式）；一项或多项清楚简明的权利要求。

申请文件要求以其官方语言泰语递交。

申请人可以在递交申请后对其申请进行修改，所做的修改不应扩大原申请的保护范围。

（三）审查

泰国知识产权厅对小专利的审查范围主要是形式上是否满足保护的要求，同时还要审查要求保护的客体是否属于小专利保护的客体。

泰国知识产权厅在收到专利申请后，会先对申请表进行形式审查，以确定符合泰国《专利法》的法定申请条件。小专利仅做形式审查而无实质审查。专利说明书文件应当以官方指定语言（泰语）提供。对于所提及的其他文件或资料，若泰国知识产权厅认为需要申请人提交泰文译文或者补充材料的，申请人应当在收到通知之日起 90 日内提供有关材料，申请人未在 90 日内提供的，视为自动撤回申请。

形式审查阶段完毕后，该申请按照规定进行公告，自公告之日起 1 年之内，任何人或利害关系人都可以请求泰国知识产权厅对于小专利申请的新颖性和工业实用性进行审查。若经审查认为该小专利申请不能满足关于新颖性和工业实用性规定，则通知小专利申请人自收到通知之日起 60 天内提交支持其申请的声明。

经审查合格的小专利申请将予以颁发小专利注册证书。

小专利申请从申请到获得小专利注册证书大概需要 2 年的时间。

（四）授权后程序

尽管专利已获批准，任何对此有质疑的人都可上诉法庭对其提出质疑，取消其专利权。

专利权人可以在授权之后放弃其专利。如果专利由两人或多人共同拥有，则应在所有专利权人同意的情况下放弃。如果已许可他人实施，则应在所有被许可人同意的情况下放弃。

此外，在泰国，知识产权厅厅长在以下情况下有权要求委员会取消已授权的专利：自授权许可之日起 2 年后无正当理由而未能生产专利产品或使用专利方法；或者没有被许可的专利产品或专利方法生产的产品销售或进口到国内；或者获得许可的专利产品或专利方法生产的专利产品以不合理的高价出售。

（五）费用

在泰国申请专利的主要费用见表 2-2。

表 2-2　泰国小专利相关费用

申请阶段	官费	服务费用
提交申请	250 泰铢（约 10 美元）	400 美元
公布	250 泰铢（约 10 美元）	100 美元
注册	500 泰铢（约 20 美元）	200 美元

（六）代理

在泰国没有住所或营业所的申请人，必须委托泰国的专利代理人或律师作为代理人，才能在泰国知识产权厅进行各项事务。

四、保护

除专利权人以外的其他人未经专利权人许可不得生产和销售专利产品，不得制造、使用、销售或者进口由被授权的专利方法制造的产品。研究、试验、分析的行为只要不损害专利权人的利益，则不算作侵权。

在专利的有效期内，专利所有者是唯一具有使用专利生产和销售产品的权利人。在专利通过前，任何有关该专利的侵权都不被视为违法。专利所有人可以将其专利授权给其他人所有或使用，但受以下条件限制：专利人不得附加任何条件或限制，或引起不良竞争；在专利的有效期过后，专利所有者不得要求被授权人付费。任何与以上相悖的授权都无效。任何协定或许可必须以书面形式进行并正式注册。

另外，在泰国，在发生侵权纠纷时并不要求小专利的所有人出具官方评价报告。

五、总结和建议

在泰国，所有能被发明专利保护的客体也同样能被小专利保护，因此，产品、方法皆可申请小专利。

虽然泰国没有我国专利制度中的在一件发明提出申请时可以指明同时提交实用新型申请的专利申请制度，但是其规定了发明专利申请和小专利申请在公布之前以及授权/注册之前可以互相转换，并且泰国的小专利申请对于新颖性的要求适用于本国新颖性。换句话说，对于新颖性的要求低于发明专利。申请人可以在申请后，根据对现有技术的掌握情况，灵活转换专利申请的类型，以期得到更适合的保护。

另外，泰国的小专利申请也有从申请到拿到注册证书时间比较长的不足之处。对此，泰国知识产权厅已经开始着手加快专利审查的各项措施，2017年泰国知识产权厅已将其下属的审查机构队伍扩充至143名，该数据较2015年（当年泰国知识产权厅仅有39名审查员）提升了大约270%。显然，可以就此期待泰国知识产权厅在扩编自身的审查员队伍后，其工作能力较之以往应该能够取得显著的提升。此外，人们还希望这种改变能够大幅缩短全部类型知识产权从递交申请到获得授权的时间。事实上，当前证据表明上述时间较之5年前已经缩短了40%。所以，这个问题在将来应该会有所好转。

第十节　乌兹别克斯坦实用新型

一、概述

乌兹别克斯坦将发明、实用新型和工业外观设计简称为工业产权，但对这三类工业产权无明确定义。乌兹别克斯坦与专利相关的一些法律条文都分散在其他法律法规或实施细则中，缺乏系统性、一致性和协调性，这导致法律适用上存在产品和技术认定复杂、信息不透明、审查速度慢、维权困难等问题，这为国外专利权人在乌兹别克斯坦的维权带来一定的困难。并且，为了提高国内产品的竞争力，在药品、机电进口方面，乌兹别克斯坦设置了贸易壁垒。

但是，经过近20年的立法，乌兹别克斯坦形成了符合国际标准的包括专利法在内的知识产权法律基础，并制定和通过了相应法律，以及根据有关专利问题方面的法律，通过和实施了若干条例和规则。专利方面的主要立法为1994年6月1日生效的《发明、实用新型和工业品外观设计法》，之后经过2002年、2008年、2011年3次修订和补充。

乌兹别克斯坦于1991年12月25日加入世界知识产权组织，同日加入了《保护工业产权巴黎公约》和《专利合作条约》，并于2006年7月19日加入了《专利法条约》（PLT）。

2011年，乌兹别克斯坦专利局正式更名为国家知识产权署，受理授予工业产权专利的申请，对其进行国家鉴定和办理国家登记，授予工业产权对象专利。世界知识产权局的统计数据显示，乌兹别克斯坦2016年实用新型申请量仅为150多件。

下面简要介绍乌兹别克斯坦的实用新型制度。

二、实体性规定

（一）保护客体

2018年3月18日《乌兹别克斯坦关于某些立法行为的修改、补充以及废止法案》正式生效，拓宽了实用新型客体的专利性范围，自新法案出台之后，实用新型专利申请保护的客体既可以是产品，也可以是一种方法。因此，实用新型专利所保护的客体已经与发明专利所保护的客体相同了，但对实用新型专利性的要求未改变。

实用新型的保护不适用于：科学理论和数学方法；组织和管理方法；传统的标识、计划、规则；智力活动施行的规则和方法；算法及计算机程序本身；结构物、建筑物以及区域规划的草案和概要；涉及仅以满足审美必要性为目的的产品的外观的发明；集成电路的电路设置；动物和植物品种；违反公序良俗的发明。

（二）实体性要求

乌兹别克斯坦的实用新型需满足两个实体性条件：新颖性和工业实用性。

如果现有技术不知道其全部的基本特征，则认为它是新颖的。此处的现有技术包括乌兹别克斯坦可以获得的其目的与要求保护的实用新型的相同目的所有信息，也包括其应用的信息。

可见，乌兹别克斯坦的实用新型采用的是相对新颖性标准。由于乌兹别克斯坦的发明专利采用的是绝对新颖性标准，故实用新型的新颖性标准低于发明专利的新颖性标准。

在实用新型的申请日前 6 个月内，由本发明人、申请人或接收到该信息的任何人公开披露了涉及实用新型的信息，无论是直接或间接地，均不认为影响实用新型的新颖性。此即不丧失新颖性的宽限期。

工业实用性的前提是实用新型可以在实践中使用。

（三）保护期

乌兹别克斯坦实用新型的保护期限自申请日起 5 年，可续展 3 年。

三、程序性规定

（一）申请途径

《巴黎公约》成员国的外国申请人可以依《巴黎公约》途径，直接在乌兹别克斯坦提出实用新型申请。直接在乌兹别克斯坦提出实用新型申请时，申请人可以要求一项或多项优先权。

申请人也可以先提出 PCT 专利申请，自最早的优先权日起 31 个月内进入乌兹别克斯坦国家阶段，请求获得实用新型保护。但由于实用新型的保护期仅有 5 年，通过 PCT 途径申请，对于实用新型的保护时间过短。

另外，申请人申请发明专利时，可以在决定授予专利权之前，将发明申请变更为实用新型申请，反之亦然。

在这种变更的情况下，第一次申请的优先权应予保留。但是，已撤回或视为撤回的申请不能进行变更。

根据《巴黎公约》，实用新型可以享受本国或外国优先权。优先权的基础可以是实用新型，也可以是发明专利。自发明专利或实用新型首次在乌兹别克斯坦或其他国家提出申请之日起 12 个月内，申请人就同一发明申请实用新型的，可以享有优先权。

与中国不同的是，优先权声明可以在提出在后申请的同时提出，也可以在在后申请的申请日起 2 个月内提出。

此外，在提交妨碍在优先权 12 个月内提交的事由并且缴纳延期费用的情况下，可以在 12 个月的优先权期限后 2 个月内提交申请并要求优先权。

(二) 申请文件

申请实用新型时，应当提交规定的请求表，请求表中应按规定填写实用新型名称，发明人、申请人的姓名或名称以及居住地或营业地等。

实用新型的申请文件包括权利要求书、说明书、附图和其他材料、实用新型摘要。

申请文件要求 3 份文件，其中 2 份纸质文件，第 3 份可以是电子文件。

权利要求书中可以包括一项或多项权利要求。在包括多项独立权利要求的情况下，这些独立权利要求之间应当具备单一性。

除请求书外，申请文件可以采用任何语言，但应当在申请日起 2 个月内补交乌兹别克斯坦语或俄语译文。需要注意的是，优先权文件也需提交译文，需要在乌兹别克知识产权署收到该在先申请之日 3 个月内提交译文。

(三) 审查

乌兹别克斯坦实用新型申请程序较我国复杂，虽然同样不进行实质审查，但需要通过形式审查与初步审查。初步审查指对在申请案中引证的现有技术水平以及专利局收藏的专利文献范围内做出新颖性和工业实用性的评价。通过了初步审查，知识产权署即授予专利权并在官方公报中公布。

实用新型申请的审查未通过时，如果申请人对决定不服，可以在决定通知发出日起3个月之内提起上诉。上诉委员会应在收到上诉2个月内进行审查。

(四) 授权后程序

可以在任何时间基于下述理由对实用新型专利权向上诉委员会提出上诉，请求撤销其全部或部分专利权。

1) 受保护的实用新型专利权主体不符合可专利性要求。
2) 在原始申请文件中缺少实用新型的必要技术特征。

在向上诉委员会提出上诉时，可暂停授予工业产权主体专利权。

上诉委员会的决定可在其通过之日起6个月内向法院提出上诉。

在法院审理争议的情况下，专利局应暂停实用新型标的物的制造，直至争议解决为止。

(五) 费用

申请实用新型需缴纳申请费。乌兹别克斯坦实用新型的官方申请费为420美元，独立权利要求超过1项，每项权利要求附加费为210美元。

专利权人可以向专利局提出请求，允许任何人使用实用新型专利。在这种情况下，从专利局发布的有关信息当年起，专利费减少50%。

（六）代理

在乌兹别克斯坦没有住所或营业所的申请人，必须委托乌兹别克斯坦的专利代理人作为代理人进行各项事务。

四、保护

实用新型登记后，只有权利人有权实施该实用新型的主题。未经权利人的同意，任何人均不得制造、使用、许诺销售、销售、进口或者以其他方式投入民事流通，或者为此目的持有使用受专利保护的实用新型的产品。但是，实用新型的效力不及于下列行为：

1）个人的非商业目的的行为。
2）与实用新型主题相关的、以科学研究或实验为目的的行为。
3）使用了受保护的实用新型的运输工具的临时过境行为。
4）使用了包含实用新型主题的方法。
5）根据医生处方，一次性制备药物。

专利权可以通过下列方法予以保护：收缴借助其侵犯专属权的物质对象和因侵权产生的物质对象；强制公布违法侵权的情况；法律规定的其他方法。这些保护措施可由专利管理部门依法实施，也可由专利权人依法请求而实施。

五、总结和建议

目前，中国与乌兹别克斯坦的合作主要集中在实物资产投资等方面，对知识产权，如专利等有投资价值的合作还没有上升到议事日程。但从长远来看，知识产权投资更为高效，也是长远合作的途径。按照乌兹别克斯坦的法律规定，中资企业在乌兹别克斯坦投资获得的专利，企业拥有充分独立的处置权，在外国投资获取专利的再投入和再获利，与中国的实用新型制度相比,乌兹别克斯坦的专利法律体系虽然还不完善,但整个法律流程,自申请、生效、期限至转让、权利保护,乌兹别克斯坦民法典均有明确的法律规定。所以,我国申请人希望在乌兹别克斯坦获得和运用实用新型时需要注意以下几点:

1)深入了解、自觉遵守法律程序,以便安全、有效地进行知识产权保护。

2)确保获得稳定的权利。虽然乌兹别克斯坦对实用新型申请不进行实质审查,但是,如果获得权利本身存在实质性缺陷,很容易导致权利被撤销。所以,在提出申请前,应预先进行充分的检索和评估,周密而细致地准备申请文件,尽量减少各种缺陷,确保获得稳定的权利。

3)充分利用依靠国际规则和国内法律。中国和乌兹别克斯坦两国的知识产权法律体系发展存在明显差距,知识产权法律在合作过程中,这种差距容易造成可执行性差的问题。我国申请人可依据中乌政府知识产权保护合作协定,享受与本国权利人同等的权利。同时,中国与乌兹别克斯坦同为《保护工业产权巴黎公约》《专利合作条约》与《马德里协议》等重要国际公约的成员。因此,知识产权维权中出现因乌兹别克斯坦法律不健全而难以执行的问题时,要在充分尊重乌兹别克斯坦法律的前提下,充分利用国际规则予以反击,维护自身的合法利益。

第十一节 越南实用方案

一、概述

越南是多项知识产权国际公约和条约的成员国。越南于1967年加入《巴黎公约》,1970年成为《专利合作条约》的成员。

随着加入世界贸易组织,为履行使国内法符合《与贸易有关的知识产权协定》规定的义务，越南正逐步完善国内知识产权体系。

伴随着1986年越南共产党"六大"制定由计划经济向市场经济的改革政策，越南陆续制定了一系列的知识产权法律：1988年颁布了《实用新型保护法令》《工业设计保护法令》和《从外国向越南引进技术法令》。1989年2月颁布了《工业产权保护法令》，1994年颁布了新的《著作权保护法令》。随着1995年10月越南《民法典》的制定，上述法律都被废除，而"知识产权与技术转让"则成为《民法典》第六编所规定的内容。

2005年11月19日，越南国民大会制定了一部有关知识产权的法律《知识产权法》。该法于2006年7月1日生效。越南《知识产权法》成为越南知识产权法律发展历程中的里程碑，它标志着越南知识产权法体系的成熟。而且，在越南制定《知识产权法》的时候，新的《民法典》也获得颁布，并于2006年1月1日开始施行，新《民法典》第六编"知识产权与技术转让"也对知识产权的相关内容进行了规定。

在越南，由越南国家知识产权局（NOIP）负责包括专利在内的知识产权的授权和保护工作。

目前对于专利保护，越南共有3种专利保护类型：发明专利、实用方案（Utility Solution）专利和外观设计专利。

近年来，实用方案的申请量逐年上升，2007年的申请量为220件，2016年上升为479件。

下面简要介绍越南的实用方案专利制度。

二、实体性规定

（一）保护客体

在越南，实用方案的保护对象包括产品和方法，具体可以是以下形式：①有形物体形式的产品（工具、机器、设备、零件、电路等）；②过程（技术过程、诊断、预测、检查或处理方法等）。

不可保护的客体包括：人和动物的疾病预防、诊断和治疗方法。

(二) 实体性要求

越南的实用方案需满足两个实体性条件：新颖性和工业实用性。

如果实用方案要求保护的技术方案不属于现有技术，则认为它是新颖的。此处的现有技术包括在申请日在世界范围内公开发表或公开使用的技术内容。可见，越南的实用方案需要满足的新颖性条件采用的是绝对新颖性标准，该新颖性标准与发明专利相同。

如果一项实用方案的主题可以在包括农业在内的任何产业中制造或使用，则应当认为它具有工业实用性。

(三) 保护期

越南实用方案的保护期限为自申请日起 10 年。

三、程序性规定

(一) 申请途径

《巴黎公约》成员国的外国申请人可以依《巴黎公约》途径，直接在越南提出实用方案申请。直接在越南提出实用方案申请时，申请人可以要求一项或多项优先权。

申请人也可以先提出 PCT 专利申请，自最早的优先权日起 31 个月内进入越南国家阶段，请求获得实用方案保护。

根据《巴黎公约》，实用新型可以享受本国或外国优先权。优先权的基础可以是实用新型，也可以是发明专利。自发明专利或实用方案首次在越南或其他国家提出申请之日起 12 个月内，申请人就同一发明申请实用方案的，可以享有优先权。

与中国的实用新型制度相同，如果申请人希望要求优先权，则优先权声明需要在提出作为在后申请的实用方案申请的同时提出。

（二）申请文件

申请实用方案时，应当提交以下文件：

1）请求书：包括实用方案的名称、发明人或设计人的姓名、申请人的姓名和名称、地址等。

2）说明书：包括实用方案的名称、所属技术领域、背景技术、发明内容、附图说明和具体实施方式。说明书内容的撰写应当详尽，所述的技术内容应以所属技术领域的普通技术人员阅读后能予以实现为准。

3）权利要求书：说明实用方案的技术特征，清楚、简要地表述请求保护的内容。

4）说明书附图：实用方案一定要有附图说明。

5）说明书摘要：清楚地反映实用方案要解决的技术问题，解决该问题的技术方案的要点以及主要用途。

需要注意的是，以上申请文件需要以越南语进行撰写。

在提交申请时，越南国家知识产权局将记录申请日期并发出申请号。

（三）审查

在越南，实用方案专利申请的审查包括以下几个阶段：

（1）形式审查

如果专利申请是根据《巴黎公约》提交的，则形式审查从申请日起1个月内完成，如果是根据PCT提交的，则自最早的优先权日起32个月内完成。

形式审查的内容主要是申请文件是否齐全以及格式是否符合基本的要求。

（2）出版公开

如果该申请是可以被接受的，即形式审查合格，则对于普通申请，由NOIP自优先权日之后的第19个月在《工业产权公报》上进行公开，对于 PCT 申请，在申请接受通知的发文日的 2 个月内在《工业产权公报》上进行公开。

在该申请被公开直至授权期间，任何第三方都可以提出反对意见。

(3) 实质审查

是否进行实质审查，可以由申请人决定。申请人可以在提出专利申请时一并提出，也可以在自优先权日起的 36 个月内提出实质审查的请求。

NOIP 一般在申请公开后的 18~24 个月内进行实质审查。

实质审查的内容主要对于实用方案需要满足的两个实体性条件即新颖性和工业实用性进行审查。

(4) 授权

如果实质审查合格，则将发出官方的授权证书。该授权证书一般在收到授权所需的缴费的 2 个月内发出。

(四) 授权后程序

实用方案在获得授权之后，可以由专利权人或第三人直接向 NOIP 提起专利无效请求。在专利侵权诉讼中，被告一般都会使用专利无效宣告作为抗辩手段。

(五) 费用

申请越南实用方案的官方费用如下（计费单位为美元）：

1) 申请费用。

第一项独立权利要求：20 美元。

每一项从属权利要求：10 美元/项。

从第 6 页开始的每一页说明书：2 美元/页。

要求优先权：30 美元。

2) 公开申请的出版费用：6 美元。

3) 审查费用。

实质审查费用：66 美元。

4）注册费用。

注册和公告费用：12 美元。

第一项独立权利要求：26 美元。

每一项从属权利要求：20 美元/项。

5）年费。

第 1 年和第 2 年：20 美元/年。

第 3 年和第 4 年：30 美元/年。

第 5 年和第 6 年：45 美元/年。

第 7 年和第 8 年：65 美元/年。

第 9 年和第 10 年：95 美元/年。

另外，外国人或外国机构在越南委托专利代理机构申请实用方案专利的服务费为 1500~2500 美元。另外，翻译费用另计，将英文翻译为越南语的费用为 4~8 美元/100 字。

以上费用可能会发生变化，仅供申请人参考。

(六) 代理

在越南没有住所或营业场所的申请人，需要委托越南的专利机构进行申请。

四、保护

实用方案获得授权之后，只有权利人有权实施该实用方案保护的主题。未经权利人的同意，任何人均不得制造、提供、销售、使用或者为上述目的而进口、储存属于该实用方案保护的产品和方法。

实用方案权利人可以以获得授权的实用方案的权利受到侵犯为由，直接向侵权者发送律师函或向法院提起诉讼。

五、总结和建议

综上所述，越南的实用方案专利具有以下特点：

1) 越南的实用方案的保护主题可以是产品或者方法。因此，越南实用方案专利能够保护的范围广，申请人的选择也较多。

2) 越南的实用方案则需要经过形式审查（相当于初审）、出版公开、实质审查以及授权公告四个阶段。

因此，由于需要进行实质审查，获得授权的难度较大，但是由于越南的实用方案不需要满足创造性的条件，因此，一旦获得授权，权利的稳定性较好。

另外，由于越南的实用方案需要在出版公开后的 18~24 个月再进行实质审查，从申请到获得授权的周期较长，一般需要 3 年左右的时间。

根据越南实用方案的上述特点，提供如下建议：

1) 在各个技术领域，包括计算机软件、通信方法、制造方法等领域，申请人都可以结合自身的技术和产品的特点以及经济、运营情况，灵活选择申请发明专利还是实用方案专利。

2) 由于越南的实用方案获得授权的周期较长，申请人应充分预估技术的发展趋势、发展周期和商业价值，在恰当的时期提前进行专利的布局。

第十二节　韩国实用新型

一、概述

作为亚洲主要国家之一的韩国，在 1961 年之前，实用新型归属于专利法，而在 1961 年 12 月 31 日颁布了分离于专利法的《实用新型法》。后经数次修改，于 1999 年 7 月 1 日引入了无审查先注册制度，这主要是为了缓解韩国知识产权局的审查处理期限过长而设置的。这种制度对于技术性不高的技术方案的保护而言，在当时是合理的。但随着韩国知识产权局的审查人员的大幅增加，专利案件的审查期限也大幅缩短，这就具有了对实用新型进行审查的可能性。于是，韩国于 2006 年 10 月 1 日颁布了修改后的《实用新型法》，将无审查先注册制度修改为先审查后注册制度。现行《实用新型法》于 2014 年 6 月 11 日修订，于 2015 年 1 月 1 日生效。

实行了先审查后注册制度后，实用新型的申请量大幅缩减，截至 2016 年，韩国的实用新型申请量为 0.78 万件，相比于 2006 年的 2.11 万件，有明显减少。

韩国的知识产权制度与国际接轨的程度较高，目前是诸多国际知识产权组织和条约的成员。韩国于 1979 年 3 月 1 日加入世界知识产权组织，于 1980 年 5 月 4 日加入《保护工业产权巴黎公约》，于 1984 年 8 月 10 日加入《专利合作条约》，于 1988 年 3 月 28 日加入《国际承认用于专利程序的微生物保存布达佩斯条约》。

韩国知识产权局（KIPO）是韩国的专利行政主管部门。KIPO 始建于 1949 年，当时是韩国商业和工业部的外部机构，名叫专利局。1977 年在专利局的基础上建立了工业产权局，2000 年更名为韩国知识产权局。KIPO 的职责是支持知识产权的创造，促进知识产权应用，建立强大的知识产权保护体系，创造未来的知识产权生态环境。

下面简要介绍韩国的实用新型制度。

二、实体性规定

（一）保护客体

在韩国，实用新型的保护客体是产业上可利用的物品的形状、结构或组合，实质上，实用新型要保护的对象为机械装置或物品，因此方法或物质（如农业化学品、药物、DNA 结构、微生物、光纤以及黏合剂）被排除在保护客体之外。

另外，与国旗或国徽相同或近似的技术方案、扰乱公共秩序或败坏善良风俗或者存在危害公共卫生的可能性的技术方案均得不到实用新型的保护。

(二) 实体性要求

实用新型须满足三个条件，即产业上的可利用性、新颖性及创造性。

作为新颖性和创造性的判断基准是现有技术。现有技术包括：

1) 在实用新型的申请日或优先权日前，在韩国或者外国已经被公众知悉或者实施的技术方案。

2) 在实用新型的申请日或优先权日前，记载于韩国或者外国出版物上的技术方案，或者公众可以通过电子通信线路获得的技术方案。

此外，抵触申请破坏实用新型的新颖性。具体来说，如果实用新型申请中的技术方案与在另一件实用新型申请或者专利申请的原始说明书或者附图中记载的技术方案相同，并且另一件实用新型申请在该实用新型申请之前提交又在该实用新型申请的申请日后予以注册公告并供公众查询，或者是另一件专利申请在该实用新型申请之前提交又在该实用新型申请的申请日之后公布或者注册公告并供公众查询，则该实用新型不具备新颖性。但是，该实用新型的发明创造人和另一实用新型或专利的发明创造人是同一人的，或者该实用新型的发明创造人和另一实用新型的发明创造人在提交申请时是同一人的，则不适用上述规定。

韩国《实用新型法》第 5 条规定了丧失新颖性的宽限期，即在实用新型的申请日前 12 个月内，因申请人本人的原因而导致实用新型的技术方案在韩国或外国已经被公众知悉，或者他人未经申请的同意而泄露该实用新型的技术方案的，申请人可以在 12 个月内提交实用新型申请而不因此丧失新颖性。申请人在主张该宽限期时，需要详细说明其意图并提交相应的证据。

从韩国《实用新型法》和《专利法》对于创造性的规定来看，二者基本上没有本质的区别，均是指该实用新型或者专利的技术方案不能被本领域的技术人员在现有技术的基础上容易地做出。但在实践中，如果是具有该实用新型技术所属领域的通常知识的人能够"极容易"想到的，则该实用新型不能得到注册。这一点与专利的"容易"想到的标准是不同的。但是，相关法律中并未明确规定如何划分"极容易"与"容易"的定性或定量标准，因此，在实务实践中，对这一事项的应用也在不断研究及探索。

产业上的可利用性是指该实用新型的技术方案能够在产业上实施，并产生预期的效果。

(三) 保护期

韩国实用新型的保护期限自申请日起计算，期限为 10 年，该期限一般不可以延长，但是由于审查造成授权延迟的可相应延长。

三、程序性规定

(一) 申请途径

申请人可以直接在韩国提出实用新型申请，或者也可以先在他国提出 PCT 申请后，自优先权日起 31 个月内进入韩国国家阶段，选择保护实用新型。

韩国的专利申请与实用新型申请可以相互转换。专利申请的申请人在收到最初的驳回决定通知书起的 30 日之内，可以将其类型变更为实用新型来获得实用新型保护。此时，原申请被视为申请之初即为实用新型，且相应专利申请被视为撤回。

基于《巴黎公约》或 WTO 成员之间相互认定的制度，可以在他国最初申请后的 1 年内，享有外国优先权。或者，也可以基于在韩国的在先申请后的 1 年内，享有本国优先权。上述优先权均可以为一项或多项，要注意的是期限从最早的优先权日算起。优先权的基础可以为发明专利或实用新型，优先权的期限为 1 年。

关于优先权，可以在最早的优先权期限日（请求多项优先权时）起的 16 个月内，补正或增加其请求。即在该 16 个月内，可以撤回部分或全部请求、对优先权请求的明显的误记等进行改正、增加新的优先权请求，但是，如果全部撤回优先权请求，则不允许增加新的优先权请求。

（二）申请文件

任何想要在韩国获得实用新型保护的申请人，均需向 KIPO 提交如下文件：

1）请求表。表中应填写申请人的姓名及地址，如果申请人是法人，则需要填写其名称和营业地址；代理人信息（如果委托了代理人的话），包括代理人的姓名、所在事务所的名称及地址；实用新型的名称；发明人姓名和地址，等等。

2）说明书。应包括该实用新型的背景技术，并清楚、简要地说明该实用新型的技术方案，以使得本领域的技术人员能够容易地实施。

3）说明书附图。

4）摘要及摘要附图。

5）权利要求书。可以包括一项或多项权利要求，清楚、简要地限定权利要求的保护范围，每项权利要求均应得到说明书所记载的内容的支持。

KIPO 在收到上述第 1~3 项的文件时的日期被确定为该实用新型的申请日。权利要求书可以在申请日后提交。在申请时没有提交权利要求书的情况下，应在申请日或优先权日起 14 个月内提交。当由第三人对该申请提出实审请求时，申请人应在收到该请求的相关通知后起的 3 个月或申请日或优先权日起 14 个月中的较早日期提交权利要求书，否则该实用新型将被视为撤回。

韩国的实用新型申请可以用韩文以外的语言提交。以外语申请实用新型时，应当在申请日或优先权日起 14 个月内提交韩语译文。当由第三人对该申请提出实审请求时，申请人应在收到该请求的相关通知后起的 3 个月或申请日或优先权日起 14 个月中的较早日期提交韩语译文，否则该实用新型将被视为撤回。

以外文申请的 PCT 国际申请进入韩国国家阶段时，应当自该 PCT 国际申请的申请日或优先权日起 31 个月内提交韩语译文。

对于其他外文文件一般不必提交韩语译文。例如，在要求了优先权时，优先权文件的译文不是必需的。即如果是外国申请，在提交优先权证明文件时，无须提交其译文，但是审查员要求提交译文时，应当在指定期限内提交译文。如在指定期限内提交译文有困难，可请求延长该指定期限。

（三）审查

实用新型申请被 KIPO 受理后，首先进行形式审查。形式审查涉及申请人资格、代理、申请文件的形式要求、费用等事项。

形式审查合格后，审查员将对该实用新型申请进行分类。KIPO 采用的分类标准是《国际专利分类表》（IPC）。

从申请日或优先权日起 18 个月后，该实用新型申请将被公布。

实用新型的实质审查基于请求而进行。从申请日或优先权日起的 3 年内，任何人均可以向韩国知识产权局提出该请求。如果是变更申请或分案申请，则要在提出该申请的 30 日之内提出请求。如果在相应期限内提出该请求，则该请求不得撤回。

对于提出审查请求的申请，任何人均可以提出优先审查请求。申请人可以基于以下理由提出优先审查请求：

1）申请公布后，申请人之外的他人已在工业上或商业上实施实用新型申请中要求保护的发明。

2）根据总统法令，需要对该实用新型申请进行优先审查。

优先审查请求可以在提出实审请求的同时提出，也可以在提出实审请求后提出。请求了优先审查的审查对象应当记载于权利要求书中，仅仅记载于发明内容中而未记载于权利要求书中时，不被认为是优先申请对象。另外，权利要求书中有多项权利要求且其权利要求中的一项被认定为优先审查对象时，申请整体被认定为优先审查对象。

关于实审请求，也可以由申请人指定在申请人期望的受审时机（犹豫时机）进行审查。

韩国知识产权局对实用新型进行实质审查，实质审查主要针对新颖性、创造性、实用新型内容的公开是否充分、权利要求是否清楚限定其要保护的范围等。审查的结果，如果未发现驳回理由，则直接注册，否则发出审查意见通知书，指定期限，告知申请人进行答复。如果申请人的答复解决了审查意见通知书指出的缺陷，则审查员可能决定注册，如果仍未消除缺陷，则做出驳回决定。

针对被驳回的申请，申请人可以请求重审（Re-examination）。申请人可以在收到驳回决定之日起 30 日内，通过修改说明书或附图来提出重审请求。重审请求被接受时，之前的驳回决定视为取消。重审也可以由审查员依职权取消注册决定而启动。

针对经重审后做出维持驳回的申请，申请人可以向专利法院提出诉讼，对专利法院的判决不服的，可以进一步向大法院进行上诉。

实用新型的审查，从申请日起，通常需要 18~24 个月的审查周期，而如果申请了优先审查，则需要 5~7 个月的审查周期。

(四) 注册后程序

获得注册的韩国实用新型可以通过无效程序来挑战其权利。

自注册公告日起的 3 个月内，任何人均可以请求无效。请求实用新型无效的理由包括：

1）实用新型不符合《实用新型法》第 4 条的定义，不符合第 6 条所排除的客体，不符合第 7 条规定的先申请原则，未按第 8 条的规定撰写权利要求，或者外国人违反比照适用的《专利法》第 25 条的规定在韩国申请实用新型。

2）实用新型的外国所有者变得不适格，或者已注册的实用新型违反了国际条约。

3）实用新型因违反国际条约而不能获得注册。

4）实用新型的转换不符合《实用新型法》第 10 条第 1 款的规定。

5）比照适用《专利法》第 33 条第 1 款的规定，实用新型注册的权利人无权获得实用新型注册，或者实用新型注册违反比照适用的《专利法》第 44 条的规定，即对于多人共同做出的发明，申请不是他们共同提出的。

6）实用新型的申请人不是发明人或其受让人，或者韩国知识产权局或韩国知识产权审判和上诉委员会的职员在任职期间除通过继承或遗赠以外的途径获得实用新型。

7）实用新型的修改超出原始申请文件的说明书或者附图记载的范围。

8）分案申请超出母案申请所记载的范围。

以上述第 5 项的理由提出无效请求的，时间不受上述注册公告日起 3 个月的限制。

（五）费用

实用新型申请的费用如下：

1）电子申请时，申请费为 2 万韩元；纸件申请时，申请费为 3 万韩元。

2）实审请求费为基本费 7.1 万韩元+附加费 1.9 万韩元（每项权利要求）。

3）优先审查费为 10 万韩元。

4）注册登记费为基本费3.6万韩元+附加费1.2万韩元（每项权利要求）。

(六) 代理

申请人不是韩国居民，或在韩国没有居所或者营业所的，应当委托在韩国有居所或营业所的代理人来代理其在韩国专利行政机关的事务。经委托人的明确注册，韩国本地的代理人可以执行以下事项：

1）修改、放弃或撤回专利申请。

2）放弃专利。

3）撤回专利期限延长的注册请求。

4）撤回申请。

5）撤回请求。

6）要求优先权或撤回优先权要求。

7）根据《专利法》第132-3条对驳回专利申请或不予延长专利期限的决定提起审判请求。

8）指定分代理。

四、保护

侵犯实用新型权利或者其独占许可的行为包括：出于商业目的制造、转让、租赁或进口专门用于制造实用新型所要求保护的产品的行为，或者出于商业或工业目的许诺转让或租赁专门用于制造实用新型所要求保护的产品的行为。

实用新型注册后，权利人或独占被许可人可以要求正在侵犯或可能侵犯其权利的人中止或停止侵权。权利人或独占被许可人可以要求侵权者销毁作为侵权行为结果的物品、排除用于侵权的设备或采取防止侵权所必需的其他措施。

另外，当上述权益受到损害时，可以要求故意或过失侵权人进行损害赔偿。依据相关人的请求，替代赔偿或在赔偿之外，法院可以命令故意或过失侵权或独占许可而损害权利人的商业信誉的人，采取必要措施恢复商业信誉。

侵犯实用新型权的行为人，可被处以 7 年以下有期徒刑或 1 亿韩元以下罚金。

五、总结和建议

韩国的《实用新型法》独立于《专利法》而存在，并且实行实质审查制，即审查后注册。因此，韩国的实用新型，其注册要件大多与发明专利相同，且审查期限也较长。

另外，韩国的实用新型制度，还具有犹豫制度（包括权利要求书的犹豫制度及审查请求期限的犹豫制度），因此，还可以利用该制度来充分考虑权利保护的范围制定、选择最为恰当的审查时机等，使得在时间上具有考虑的余地。这种制度的制定，是考虑到了韩国的先申请制度的现状。由于尽早提出申请对申请人极其重要，而该制度对先提出申请者赋予了优势。如果必须在提交申请的同时提交权利要求，有时会出现因时间仓促而无法对发明人要保护的技术内容进行充分考虑的情况。这种制度正是解决了这类弊端，能够让申请人进一步考虑恰当的保护范围，从而为申请人提供相对富余的时间及便利。

但是，这种制度可能会导致在撰写说明书时留下各种潜在的风险，例如，后提交的权利要求对发明内容部分的上位用词及技术范围的拓宽等，可能会导致超出原始提交的文件所记载的范围或公开不充分的问题，这是需要发明人予以考虑的方面。

第二章　我国周边国家和我国港澳台地区实用新型专利

第十三节　日本实用新案

一、概述

日本的《实用新案法》诞生于 1905 年，是世界上较早建立实用新型制度的国家。当时，日本的工业能力尚不成熟，技术水平远远低于欧美发达国家，日本国内强有力的发明专利也大多被技术水平高的外国申请人所占据。在这样的背景下，日本当时的技术创新主要是对从外国引入的基础技术进行改进，其中多数发明是对身边的日用品等的改进，这样的"小发明"难以在保护发明专利的《特许法》中得到与外国先进技术相匹敌的保护。面对这种状况，日本借鉴了德国的实用新型制度而制定了日本最初的《实用新案法》，旨在积极地保护和奖励日本本国的小发明。日本当时的想法是，即便核心的关键技术被欧美所席卷，但如果能利用实用新型制度让本国人获得外围技术的专利保护，就能够确保日本的产业发展。

日本于 1905 年创建了符合其国情发展的实用新型制度后，果然如预先所期望的那样，日本国内实用新型专利的申请量迅速超越了已有 20 年历史的发明专利的申请量，而且这种状况跨越了日本经济高速增长的 20 世纪 50~70 年代，一直持续到了 1981 年，实用新型的申请量才终于被发明专利所超越。可以说，实用新型制度是对日本的经济发展卓有贡献的制度，特别是在日本的高速经济增长阶段扮演了重要的角色。

日本的实用新型制度经历过多次修改，其中，1993 年的修改对日本实用新型制度的影响尤为显著。在此次修改中，将实用新型专利权的有效期限从 10 年缩短为 6 年，并将实用新型制度修改为无实质审查/授权后评价制度，而且还规定，实用新型权利人在行使权利时需出具技术评价报告，否则可能承担赔偿责任等。基于包括上述因素在内的种种原因，在1993年修改后，日本实用新型的申请量急剧下降，从1993年的每年8万件左右下降至2002年的每年8000件左右，日本一度出现了废除实用新型制度的呼声。为了提高实用新型的魅力，2004年日本再次进行了实用新型制度的修改，重新将实用新型专利权的有效期限恢复为10年，并且可以在获得实用新型专利权后将其变更为专利申请。尽管如此，日本实用新型的申请量并未就此恢复，近年来仍在每年1万件以下徘徊。日本的实用新型制度逐渐在历史的长河中暗淡下来，但谁也无法否认其在日本的经济发展中做出的突出贡献和曾经拥有的辉煌历史。

日本知识产权法律体系中的"特许"相当于我国的发明专利，而"实用新型"则相当于我国的实用新型专利。日本的《特许法》和《实用新案法》系单独立法，它们均有配套的实施细则。

日本加入了大多数与知识产权有关的国际组织和条约。日本于1975年加入世界知识产权组织，于1899年加入《保护工业产权巴黎公约》，于1978年加入《专利合作条约》。

日本的专利管理机关为日本特许厅（Japan Patent Office，JPO）。JPO为隶属于经济产业省的政府机构，主要由总务部、审查业务部、专利审查一部至四部以及审判部构成。

下面对现行的日本实用新型制度进行简要介绍。

二、实体性规定

（一）保护客体

日本《实用新案法》第2条第1款规定：实用新型是指利用自然法则做出的技术思想的创作。第3条第1款规定：产业上可以利用的与物品的形状、构造或者其组合相关的实用新型可获得登记。第4条规定：有害于公共秩序、善良风俗或者公共卫生的实用新型，不能获得实用新型登记。可见，日本的实用新型仅保护产品的形状、构造或者它们的组合，而用途、方法以及没有确定形状的物品则被排除在外。

（二）实体性要求

日本的实用新型需满足三个实体性要件：新颖性、创造性和实用性。

日本实用新型采用的是绝对新颖性标准。根据《实用新案法》第3条第1款的规定，如下情况的实用新型无法获得登记：

1）申请之前已经在日本国内或者外国公知的实用新型。

2）申请之前已经在日本国内或者外国被公开实施过的实用新型。

3）申请之前已经在日本国内或者外国所发行的刊物上记载过或者公众通过电信线路能够获知的实用新型。

关于创造性，根据《实用新案法》第3条第2款的规定，在实用新型的申请之前，具备该实用新型所属技术领域的一般知识的人根据现有技术极其容易做出的实用新型，不能获得实用新型登记。从上述规定来看，日本实用新型专利的创造性要求（根据现有技术极其容易做出）要低于发明专利的创造性要求（根据现有技术容易做出）。但是日本特许厅的审查员在实际操作中并未区分实用新型专利和发明专利的创造性。

根据《实用新案法》第3条第1款的规定，实用新型必须是产业上可以利用的，亦即必须具备实用性。

（三）保护期

日本现行的实用新型保护期限为自申请日起10年。历史上，日本曾经于1993年通过《实用新案法》的修改，一度将实用新型的保护期限缩短至6年，此后于2004年重新将保护期限修改为自申请日起10年，并一直延续至今。

三、程序性规定

（一）申请途径

《巴黎公约》成员国的申请人可以依《巴黎公约》途径，直接在日本提出实用新型申请。直接在日本提出实用新型申请时，可以要求一项或多项优先权。

申请人也可以先提出 PCT 专利申请，自最早的优先权日起 30 个月内进入日本国家阶段，请求获得实用新型保护。

根据《巴黎公约》，日本的实用新型可以享受本国或外国优先权。优先权的基础可以是实用新型申请或者已登记的实用新型专利，也可以是发明专利申请。自发明专利申请或实用新型申请首次在日本或其他国家提出申请之日起 12 个月内，申请人就同一发明申请实用新型的，可以享有优先权。

另外，日本设置了伴有优先权主张的申请的救济措施。具体来说，当实用新型申请未能于在先申请的申请日起 12 个月以内提交时，如果拥有正当的理由，则即使在超过优先权期限的 2 个月以内，即从在先申请的申请日起 14 个月内提交，也视为主张了优先权。

优先权声明可以在提交在后申请的同时提出，也可以于在后申请的提交后提出。优先权声明的提出最晚不得晚于如下两个期限中的晚到期者：①自最早的优先权日起 14 个月；②自提出申请起 4 个月。

根据日本《特许法》第 46 条的规定，实用新型申请人自申请日起 3 年内，可以将实用新型专利申请变更为发明专利申请，在提出了转换为发明专利申请的请求后，原实用新型申请被视为撤回。

同样根据日本《特许法》第 46 条的规定，实用新型权利人可以基于已经登记的实用新型专利权而进行发明专利申请，当然，发明专利申请的内容必须限制在原实用新型的记载范围内。当基于实用新型专利权进行了发明专利申请时，必须放弃该实用新型专利权。此外，如果发生了以下情况，则不能基于实用新型专利权进行发明专利申请：

1）自申请日起经过了3年。

2）实用新型权利人自己已经针对该实用新型请求过进行技术评价。

3）当他人针对该实用新型请求进行技术评价时，从收到关于该请求的通知的日期起经过了30天。

4）当该实用新型专利权被提出无效时，已经超过了指定的答复期限。

（二）申请文件

根据日本《实用新案法》第5条的规定，在日本申请实用新型时，必须提交记载有如下事项的实用新型请求书：

1）实用新型申请人的姓名或名称以及住所或居所。

2）实用新型发明人的姓名以及住所或居所。

此外，作为请求书的附件，必须提交说明书、权利要求书、附图以及摘要。说明书中必须载有实用新型名称、附图说明以及实用新型详细说明。

权利要求书中可以包括一项或多项权利要求。在包括多项独立权利要求的情况下，这些独立权利要求之间应当具备单一性。此外，在说明书的实用新型详细说明这一部分中，必须明确且充分地载有能够让具备该实用新型所属技术领域的一般知识的人实施该实用新型的内容。

在日本，发明专利申请可以用日语以外的其他语言进行申请，不过对于实用新型专利申请而言，目前尚只能基于日语进行申请。

（三）审查

在前面的概述部分中已经提到过，日本的实用新型制度在1993年的修改中，采用了无实质审查+登记后评价制度，即仅实施形式审查，不会对新颖性、创造性等进行判断。日本对实用新型的形式审查主要包括：请求保护的客体是否属于实用新型的保护客体；实用新型的技术方案是否有害于公共秩序、善良风俗或者公共卫生；是否满足权利要求的记载要求以及单一性要求；在说明书及附图中是否记载有必要的事项，说明书及附图中是否存在明显不清楚之处。

申请人在提交实用新型申请后，自申请日起 1 个月内，可以对实用新型申请的权利要求书、说明书、附图或摘要进行修改。在实用新型登记后，实用新型权利人也可以对说明书、权利要求书、附图进行修改，不过修改的机会只有一次。除了删除权利要求这种形式的修改以外，所允许的修改仅限于：

1）权利要求保护范围的缩小。

2）更正书写错误。

3）解释不明确的表述。

4）将引用其他权利要求的某项权利要求修改为不再引用该其他权利要求。

登记后的修改在实用新型专利权终止后也可以进行。不过，如果实用新型专利权已经被告知无效，则无法进行修改。另外，如果上述修改不符合规定，可以作为日后的无效理由。

（四）授权后程序

任何人都可以针对实用新型专利权提出无效请求，而且即便在实用新型专利权终止之后，也可以提出无效请求。当存在多项权利要求时，可以针对每项权利要求提出无效请求。

无效理由主要包括：

1）针对实用新型做出的修改不满足要求。

2）不满足新颖性、创造性、实用性要求，有害于公共秩序、善良风俗或者公共卫生。

3）违反了日本参加的国际条约。

4）说明书未充分记载能够实施实用新型的内容。

5）不具备获得实用新型专利权的人进行了实用新型申请。

（五）费用

申请实用新型需缴纳申请费和注册费。依《巴黎公约》途径申请时，日本实用新型的官方申请费为14 000日元。依PCT途径申请时，官方申请费也是14 000日元。在日本申请实用新型时，需在申请时一次性支付1~3年的注册费。实用新型的注册费用如下：

①第1~3年，每年：2100日元+权利要求项数×100日元。

②第4~6年，每年：6100日元+权利要求项数×300日元。

③第7~10年，每年：18 100日元+权利要求项数×900日元。

请求进行实用新型技术评价的官方费用如下：

1）除以下第2、3种情况外，费用为42 000日元+权利要求项数×1000日元。

2）对于由日本特许厅制作了国际检索报告的实用新型申请（PCT途径）而言，费用为8400日元+权利要求项数×200日元。

3）对于由日本特许厅以外的检索单位制作了国际检索报告的实用新型申请（PCT途径）而言，费用为33 600日元+权利要求项数×800日元。

请求对实用新型的说明书、权利要求书或附图进行修改的官方费用为1400日元。

在日本通过代理事务所申请实用新型时，一般为一次性收费，包括官方申请费和申请阶段的事务所服务费以及注册费用等。

日本事务所的服务费根据事务所的知名度、申请的复杂程度等而有所差异，一般为200 000~300 000日元，其中包含了摘要、权利要求书、说明书及附图的制作费用。另外，根据案件情况的不同，还有可能产生补正费用、请求制作技术评价书的费用、申请的变更的费用等，这些费用为10 000~100 000日元。

（六）代理

如果申请人在日本没有住所或居所（如果申请人是法人，是指办公场所），也就是对于外国申请人而言，必须指定具有住所或居所的专利代理人来作为"专利管理人"，由"专利管理人"来代理执行各种程序。

四、保护

实用新型登记后，实用新型权利人享有对实用新型产品的排他权，他人不得以商业目的实施其实用新型，即不得制造、使用、转让、出租、出口、进口、许诺转让或者许诺出租（包括以转让或者出租为目的的展示）该实用新型产品。

实用新型权利人或独占实施人在向侵权人提出侵权警告或侵权诉讼前，必须出示技术评价书，否则无法行使其专利权。这是由于，日本的实用新型制度与中国相比，进行的是更加纯粹的形式审查，不会对新颖性、创造性等进行判断，因此，在提交实用新型申请后，只要不存在违反保护客体、违反公序良俗、明显的记载缺陷等显著的问题，便可允许登记。然而，这种相对宽松的审查标准导致实用新型的专利权不够确定。为了平衡权利人与公众的利益，日本对实用新型的权利人在行使专利权时提出了要求，增加了其义务。日本《实用新案法》第29条第3款规定了实用新型权利人在行使权利时的义务，当实用新型的权利人行使专利权时，权利人必须出具技术评价书。在技术评价书中存在对专利权不利的结论（例如被否定了新颖性、创造性）的情况下，如果权利人依然贸然地去行使权利，一旦自己的专利权被认定无效，权利人需要反过来赔偿对方的损失。因此，权利人应该意识到，在行使自己登记注册后的实用新型专利权之前，应当事先判断该专利权是否稳固。

在日本，针对处于申请中的实用新型申请或者已经登记的实用新型专利权，任何人都可以请求进行技术评价。即使在实用新型专利权已经终止后（不包括已经被无效的情况）也可以请求进行技术评价。在请求时，如果包含有多项权利要求，则可以针对每项权利要求请求做出技术评价。当申请人提出了进行技术评价的请求时，审查员会做出所涉及的实用新型申请或者实用新型专利权的技术评价书。根据日本《实用新案法》第 13 条的规定，做出技术评价书这一事实要在《实用新型公报》上进行公告。

作为另一种选择，日本的实用新型权利人在行使权利前，可以请求将实用新型转变为发明专利申请。这种发明专利申请经过实质审查被授予发明专利权之后，就可以直接用来行使权利。这种从实用新型向专利申请的变更制度，特别是在获得实用新型专利权后仍可以将其变更为专利申请，可以说是针对在日本行使实用新型专利权不便这一状况做出的补救措施。

五、总结和建议

通过以上介绍可以了解到，日本的实用新型制度有着非常辉煌的过去，曾经为日本打破欧美的技术垄断起到了举足轻重的作用，为日本的经济发展做出过突出的贡献。不过，进入 20 世纪 80 年代，日本的高科技水平已经十分强大，发明专利开始显现出其优势，实用新型在日本的知识产权事业中所扮演的角色逐渐淡化。特别是 1993 年对实用新型制度的修改，取消了实质审查制度，缩短了保护期限，并设置了实用新型权利人在行使权利不当时的赔偿责任，致使基于实用新型专利权来行使权利非常不便，最终导致日本的实用新型申请量大幅降低。

近年来，日本也在试图完善实用新型制度，以期恢复其活力。例如在 2004 年的修改中，明确了在获得实用新型专利权后也可以将其变更为专利申请。然而，目前日本申请人申请实用新型的热情仍然不高，实用新型的申请量远远低于发明专利的申请量。

对于日本实用新型的现状，如果从积极的方面考虑，当所要求保护的技术已经达到了发明专利的高度（有信心在技术评价书中得到肯定性的评价），同时产品的生命周期比较短且短期内又不会有后续改进时，可以考虑利用实用新型申请来迅速地得到授权,尽早地开展经营活动,占领市场并迅速地获得经营收益。当今市场风云变换,有时速度就意味着胜利,这也是日本实用新型制度存在的价值所在。

日本的实用新型虽然不进行实质审查,但日本的实用新型制度采用的是更加纯粹的形式审查,登记注册后的实用新型专利权是相对不稳固的,而且日本又有着权利人在行使权利时的赔偿责任,因此,对于向日本进行专利申请的中国申请人而言,应做到对两国的实用新型制度的差异了然于心,不能基于对中国制度的认识来理解日本的实用新型制度,从而贸然地在日本申请实用新型,这样很有可能导致无法有效地行使权利。而作为中国的专利代理人,更应当熟知在日本进行实用新型申请的利弊,帮助中国申请人在日本获得理想的专利保护。

第十四节　中国香港短期专利

一、概述

知识产权法属于中国香港法律体系的有机组成部分,同时也是香港知识产权专业支援服务的制度基础。香港回归前,除有独立的商标法及商标注册制度外,其他知识产权法律都源于英国法,当地仅有一些具体适用英国法的程序性条例。1997 年上半年,香港立法机构相继讨论通过了《专利条例》《注册外观设计条例》《版权条例》等知识产权法律,这些条例于 1997 年 6 月 27 日正式在香港生效。香港现行的《专利条例》是经 2002 年修订后生效的。

《专利条例》保护两种专利,即标准专利和短期专利（Short-term Patent）,其中,香港的"标准专利"相当于中国内地的发明专利,香港的"短期专利"相当于中国内地的实用新型专利。

由中华人民共和国应用于香港特区的主要知识产权国际条约包括:

《保护工业产权巴黎公约》《保护文学和艺术作品伯尔尼公约》《国际版权公约》《商标注册用商品和服务国际分类尼斯协定》《保护录音制品制作者禁止未经许可复制其录音制品公约》《专利合作条约》《建立世界知识产权组织公约》《世界知识产权组织版权条约》《世界知识产权组织表演和录音制品条约》。

香港知识产权署成立于1990年7月2日，负责向工商及科技局局长提供有关知识产权方面的意见，协助制定香港的知识产权保护政策及法例，并负责香港特别行政区的商标注册、专利注册、外观设计注册及版权特许机构注册，同时通过教育及举办各种活动，加强公众保护知识产权的意识。香港知识产权署是香港的知识产权统管部门，既属于管理机构，同时也具有服务职能。该机构的宗旨有三点：按照最高的国际标准保护知识产权，使中国香港继续成为一个发挥创意和才华的地方；为市民提供高质素和迅捷的专利、商标及外观设计的注册服务；提高公众保护个人知识产权的意识，使他们尊重别人的权益。

中国香港的专利注册具体由香港知识产权署辖下的专利注册处负责，专利注册处负责标准专利、短期专利、商标等的受理、审查、注册和撤回等行政事务。

专利注册处受理的短期专利申请数量达到专利申请的30%之多。但是近年来，中国香港的短期专利申请量呈缓慢下降趋势。根据香港知识产权署的统计，2012—2017年，中国香港的短期专利申请量从每年最高的762件下降到2017年的693件。这可能是由于其不经实质审查，权利稳定性尚不确定，从而导致越来越多的人放弃了短期专利的申请。

下面简要介绍香港的短期专利制度。

二、实体性规定

（一）保护客体

在中国香港，短期专利的保护对象是产品发明和方法发明。

短期专利的保护不适用于：发现、科学理论和数学方法，美学创作，智力活动、游戏或业务活动的计划、规则和方法，计算机程序，资料呈示，通过外科手术或治疗以医治人体或动物身体的方法，施行于人体或动物身体的诊断方法，动物和植物品种，用作生产植物或动物的基本上属生物学的方法（微生学方法或通过该微生学方法所得的产品除外），违反公共秩序和道德的发明。

（二）实体性要求

短期专利的实体性要求包括应具备新颖性、创造性和实用性。此处的新颖性、创造性和实用性与标准专利相同。香港发明的新颖性，是指该发明不构成现有技术的一部分，即为新颖的。所谓现有技术，是指通过书面、口头或其他方式，在本短期专利的申请日或优先权日之前，香港或其他地方的公众能够获知的发明。这里的新颖性是绝对新颖性。香港发明的创造性，是指如果某项发明相对于现有技术，对于本领域的技术人员是非显而易见的，则具备创造性。所谓工业实用性（工业应用），是指该发明能够在任何种类的工业（包括农业）中做出或使用。

但是，如果在短期专利的申请日前 6 个月内，申请人公开发表或公开使用了该短期专利，专利注册处会就短期专利做可享专利性审查，申请人的以下行为不属于损害性披露，不会使该短期专利申请丧失可享专利性：

1）就申请人或当时该项发明的任何所有人而言，对该项发明的任何明显的滥用。

2）该申请人或其法律上的前任人已在某一正式的或获正式认可的国际展览上展示该项发明，而该展览属在 1928 年 11 月 22 日于巴黎签订而适用于香港的《国际展览公约》中的条款所指的展览，则为《专利条例》第 94 条的施行，该项披露不得予以考虑，但第 94 条（b）段只于以下情况适用：所提交的短期专利申请载有一项陈述，其意是该项发明已经如此展示，并载有符合任何订明条件的支持该项陈述的书面

第二章　我国周边国家和我国港澳台地区实用新型专利

证据。

（三）保护期

中国香港的短期专利的保护期限自提交日起计算，专利有效期最长达 8 年，需在申请的提交日起第 4 年届满后申请再维持有效 4 年。

三、程序性规定

（一）申请途径

申请人在《巴黎公约》成员国或世界贸易组织成员、地区或地方提出申请后，在提交在先申请后 12 个月内，可以在中国香港基于在先申请提出短期专利申请，该短期专利享有在先申请的优先权。

申请人也可以根据《专利合作条约》先向中国国家知识产权局或国际局提交国际申请，并在国际申请在中国已进入国家阶段后 6 个月内，或在中国国家知识产权局发表国际申请之日起 6 个月内，再在中国香港提交短期专利申请。如果指定中国的国际申请已由国际局以中文以外的语言发表，则必须在中国国家知识产权局发表该国际申请之日起 6 个月内，在中国香港提交短期专利申请。

短期专利的申请已提交后，该短期专利的原申请人或其所有权继承人可以通过"分开申请"提出一项新的短期专利。

自在先申请在《巴黎公约》成员国或世界贸易组织成员、地区或地方提出申请之日起 12 个月内，申请人就同一发明申请短期专利的，可以享有优先权。

被声称优先权的在先申请需满足以下条件：

在该短期专利的提交日期之前，没有公开给公众查阅和没有留下任何有待解决的权利的情况下被撤回、放弃或拒绝，也没有被用作声称具有优先权利的根据。

在中国香港，短期专利还可以通过"分开申请"的方式享受在先

109

短期专利申请的优先权。当短期专利的申请已提交后，在《专利条约》第122条所指的发表该专利的说明书的准备工作完成的日期前，该短期专利的原申请人或其所有权继承人可以基于该短期专利申请所载标的事项的任何部分而提出一项新的短期专利。该项新的短期专利被视为以该项在先短期专利申请的提交日期作为其提交日期，并具有任何优先权利的利益。

(二) 申请文件

申请短期专利时，应当提交批予一项短期专利的请求、说明书，摘录的中文和英文文本，短期专利的中、英文名称，申请人的姓名或名称和地址，发明人的姓名或名称和地址，以及查检报告。如请求人并非发明人，需以专利表格第P6A号提交一项陈述来表明请求人有权享有短期专利。如声称具有优先权，需提交优先权陈述书和有关的优先权文件。如拟就不具损害性的披露提出权利要求，则需提交有关的陈述和支持该项权利要求的书面证据，以及在中国香港供送达文件的地址及需要提供的有关资料和文件的译本。

短期专利的说明书包括该项申请所涉的发明的说明；一项或多于一项权利要求，但不得超过一项独立的权利要求；上述说明或权利要求中提述的任何绘图。

查检报告是指符合以下条件的报告：

1) 由订明的查检主管当局就关乎所涉发明的先有技术而承担进行的查检的报告，并且是基于有关的权利要求和适当地顾及有关说明和绘图（如有的话）而制备的。

2) 载有订明资料。

其中，查检主管当局包括：根据《专利合作条约》第16条委任的各个国际查检主管当局；中国国家知识产权局；欧洲专利局；英国专利局。

可以采用中文或英文提交申请。专利申请表格兼备中、英文版，可以任择其一。但是，专利注册处就该专利申请或其后批予的专利所进行的任何法律程序都将采用与申请表一致的语言。举例来说，如果申请人以中文填写申请表，专利注册处便会以中文发信给申请人，专利注册处就该专利申请或其后批予的专利所进行的任何法律程序，也会采用中文进行。

不过，申请表上的若干资料须同时以中、英文填写。例如，发明的名称和有关的摘录，必须中、英文兼备。申请人或发明人的姓名或名称如非采用罗马字母或中文字，便须就该姓名或名称提供以罗马字母的音译。

专利注册处既接受纸件形式的短期专利申请，也接受电子形式的短期专利申请。

(三) 审查

针对中国香港的短期专利的审查，在专利注册处收到短期专利的申请后，专利注册处会对短期专利做形式审查。形式审查是指就申请表格规定的资料以及相关证明文件做出的审查。专利注册处不会就短期专利做出实质的审查，即不会审查有关短期专利的新颖性、创造性以及工业应用性。短期专利的审查程序为：申请人提交批予短期专利申请，专利注册处审查该短期专利申请是否符合最低限度的规定，如该短期专利申请符合最低限度的规定，设定该短期专利申请的提交日期，专利注册处审查该短期专利申请是否符合形式上的规定，如该短期专利申请符合形式上的规定，将该短期专利申请记入专利注册记录册，批予短期专利及发出证明书，发表批予的短期专利，并在《香港知识产权公报》刊登公告该短期专利。

当专利注册处审查出短期专利申请不符合形式上的规定时，专利注册处通知申请人在 2 个月内做出更正。

从短期专利的申请日起，注册程序平均在 15 日内完成。

专利注册处对短期专利的审查范围主要是形式上是否满足保护的要

求。同时还要审查要求保护的客体是否属于短期专利保护的客体，以及是否属于被《专利条例》排除的客体。新颖性、创造性和工业适用性在注册前不进行审查。

根据《专利条例》第120条、第122条和第103条的规定，在专利注册处批予的短期专利的说明书发表的准备工作完成的日期前，申请人可以对短期专利的申请文件进行修改，但前提是，修改不能超出原始申请文件所记载的范围。超出原始申请文件范围的内容不享有任何权利。

短期专利申请的审查未通过时，如果申请人对专利注册处的决定或命令不服，可以向法院提出上诉。

在短期专利获批予前的任何时间，申请人可在符合《专利条例》第122条规定的情况下，以书面方式撤回其申请，而任何该等撤回均不可撤销。

凡短期专利申请是根据《专利条例》第121条撤回的或是根据《专利条例》当作已被撤回的，或是根据《专利条例》的任何条文予以拒绝的，则适用以下条文：

1) 申请人继续享有在紧接该项撤回或拒绝之前根据《专利条例》第112条享有的优先权利。

2) 不得根据《专利条例》就该项申请声称具有任何其他权利。

根据《专利条例》第118(2)条，在获批予短期专利的发表准备工作完成日之后，不允许根据《专利条例》第121条撤回申请。

(四) 授权后程序

根据《专利条例》第91(1)条的规定，任何人均可以依据规定的理由申请法院宣布撤销一项香港特别行政区专利权。撤销的理由包括：

1) 该专利的主题是不能获得专利的。

2) 专利授给了一个没有资格申请专利的人。

3) 专利的说明书没有以足够清楚和完整的方式披露该项发明至本领域的技术人员能够将其实施的程度。

4) 该专利的权利要求的保护范围超出所提交的该专利申请中所披露的事宜。

5) 该专利所赋予的保护范围已被修订不适当地扩大,而这种修订是无效的。

6) 该专利是就同一发明而批予的两项标准专利和/或短期专利之一,而该两项专利的申请均由同一申请人于同日提交。

(五) 费用

申请短期专利需缴纳提交费及公告费,需在最早向专利注册处处长提交申请的任何部分后的 1 个月内缴付;如该两项费用的任何一项没有在该期限内或根据《专利条例》第 113 条第 6 款容许的进一步宽限期内缴付,则该申请须当作已被撤回。

申请短期专利需缴纳的提交费为 755 港元,公告费为 68 港元,逾期缴付短期专利的批予申请的提交费或公告费的附加费为 95 港元。

如在申请的提交日期起第 4 年届满后欲申请再维持有效 4 年,须在该第 4 年届满前的 3 个月期间内缴付续期费,该续期费为 1080 港元,逾期缴付短期专利的续期费的附加费为 270 港元。

恢复已失效的短期专利的费用为 405 港元。

恢复已当作被撤回的专利申请的附加费为 405 港元。

(六) 代理

非中国香港居民可以不委托代理直接在中国香港申请短期专利,但是非中国香港居民需要提供一个在中国香港的地址,以便送达文件。

在中国香港,如果申请人委托专利代理人或律师作为代理人,代理人必须通知专利注册处处长其在中国香港居住的地址或进行业务活动的地址。

四、保护

短期专利批予之后，只有权利人有权实施该短期专利的主题。未经权利人的同意，禁止任何人在香港做出以下全部或任何一项行为来直接使用权利人的短期专利：

1）就任何属该短期专利的标的事项的产品而言：①制造、使用或进口该产品或将产品推出市场；②囤积该产品，而不论是出于将该产品推出（在香港或其他地方的）市场的目的还是出于其他目的。

2）就任何属该短期专利的标的事项的方法而言：①使用该方法；②任何人知道在没有该短期专利的所有人同意下而使用该方法是被禁止的，或在当时的情况下该项禁止对一个合理的人而言是明显的，但却提供该方法予人在香港使用。

3）凡该短期专利为一个方法，则就通过该方法而直接获得的任何产品而言：①将该产品推出市场、使用或进口该产品；②囤积该产品，而不论是出于将该产品推出（香港或其他地方）市场的目的还是出于其他目的。

未经权利人的同意，通过以下方式禁止任何人在香港间接使用权利人的短期专利：

1）任何短期专利在其有效期间内可以授予其所有人权利，以阻止所有未获所有人同意的第三者在香港向或要约向任何人（有权实施该专利发明的一方除外）供应与该项短期专利的某重要元素有关的媒介，以令该项短期专利发挥效用，而当时该第三者知道所述媒介是适合的且是预定用以使该项短期专利在香港发挥效用的，或在有关情况下此事对一个合理的人而言是明显的。

2）当第1款所提述的媒介是主要商业产品时，第1款即不适用，但如做出上述供应或要约的目的是诱使获得供应的人或（视属何情况而定）被要约的人做出专利的所有人能凭借《专利条例》第73条阻止的作为，则属例外。

3）任何实行《专利条例》第 75（a）～（c）条所提述的作为的人，不得被视为有权依据第 1 款实施一项短期专利的各方。

4）就第 1 款而言，有：①在该款中提述有权实施一项短期专利的人，包括提述凭借《专利条例》第 69 条有权如此行事的人；②凡任何人凭借《专利条例》第 30、35、39（4）、41（4）或（5）、83、106（4）或 126（5）条（就第 41 条而言，包括第 127 条所施行的该条）而有权就该项短期专利做出任何作为而不使该作为构成侵犯该项短期专利的专利，则在该作为所涉的范围内，该人须被视为有权实施该项短期专利的人。

短期专利的权利人可以以获得批予短期专利的权利受到侵犯为由，直接向法院提起民事法律程序，并可（在不损害法院的其他司法管辖权的原则下）在该法律程序中提出以下申索：①要求做出强制令，以制止被告人意恐他做出的任何该类侵犯行为。②要求做出命令，以规定被告人将其专利被侵犯的任何专利产品或将该产品属其不可分拆的组成部分的任何物品交出或销毁。③要求就该项侵犯支付损害赔偿。④要求交出被告人自该项侵犯所取得的利润。⑤要求做出宣布，公开该专利属有效且为被告人所侵犯。

五、总结和建议

概括而言，中国香港短期专利具有获权较为容易且快速，获权方式多样，费用较低，维权手续直接、简便等优点，但权利的稳定性尚不确定。所以，我国申请人希望在中国香港获得和运用短期专利时，需要注意以下几点：

1）充分利用分开申请。采用分开申请，可以在短期专利悬而未决的时候，分开出一个或多个短期专利，使发明较早且较为充分地获得保护。

2) 确保获得稳定的权利。虽然中国香港对短期专利申请不进行实质审查，但是，如果获得权利本身存在新颖性、创造性、得不到说明书的支持等实质性缺陷，很容易导致权利被撤销。所以，在提出申请前，应预先进行充分的检索和评估，周密而细致地准备申请文件，尽量减少各种缺陷，确保获得稳定的权利。

第十五节　中国澳门实用专利

一、概述

由于历史原因，中国澳门（以下简称澳门）基本上没有自己独立而完整的知识产权体系，其知识产权制度主要是1959年延伸适用于澳门的1940年葡萄牙《工业产权法典》及1972年延伸适用于澳门的1966年葡萄牙《版权法典》。上述两部法典在葡萄牙已分别于1995年和1985年被新法取代而失效，但在澳门回归前仍在澳门有效。依澳门基本法规定，对这些从葡萄牙直接延伸到澳门的法律，须通过立法程序，使其成为澳门当地的法律后才能过渡为澳门特别行政区的法律。

中国政府已于1999年12月20日对澳门恢复行使主权，并实行"一国两制""高度自治""澳人治澳"的政策。澳门回归之后，为使澳门法律本地化并弥补有关保护的漏洞，澳门通过制定《工业产权法律制度》重新建立了一套独立的完整的工业产权制度，该法令于1999年12月13日公布，并于2000年6月6日生效。该制度规定，专利的授予对象包括发明、实用专利和设计及新型，其中，实用专利类似于中国内地的实用新型专利，而设计及新型专利类似于中国内地的外观设计专利。

目前，澳门设有"知识产权厅"，是澳门特别行政区政府经济局属下一厅级部门，主要负责管理及执行有关知识产权范畴内的现行法律，协助特区政府制定知识产权保护政策，促进完善知识产权法例，按照现行法律的规定执行有关工业产权的注册及登记事宜，同时也接受著作权及相关权利的集体管理机构的登记。澳门海关则担负起预防、打击及遏止知识产权行政违法行为的重任，对侵犯知识产权的犯罪活动进行形式侦查及采取行动，并对有关知识产权行政违法行为进行调查及采取行政处罚。

知识产权厅属下有工业产权组，负责执行关于工业产权的现行法律规定，并负责制作专利、半导体布图设计、工业品外观设计及工业新型、商标、场所名称与标记、原产地名称与地理标记及奖赏等的注册卷宗。

2003年1月，中国国家知识产权局与澳门经济局签订了两局在知识产权领域的合作协议，中国国家知识产权局作为审查实体协助完成澳门特别行政区发明专利申请和实用专利申请的审查检索工作。

下面简要介绍澳门现行的实用专利制度。

二、实体性规定

（一）保护客体

在澳门，实用专利的保护对象是：能赋予物品某一形状、构造、机制或配置，从而增加该物品的实用性或改善该物品的利用，并符合有关专利性的条件的发明。澳门实用专利的保护主题类似于中国内地的实用新型专利，它保护的是具有确定的形状及机构的产品，方法、物质及生物材料不是实用专利保护的对象。

申请人可就符合条件的发明，选择同时或相继申请发明专利或实用专利；对同一发明授予发明专利后，实用专利即停止产生效力。这与中国内地就同样的发明创造同时申报发明专利申请和实用新型专利申请类似。

(二) 实体性要求

澳门的实用专利需满足三个实体性条件：新颖性、包含发明活动和工业实用性。

新颖性的含义是，一项发明未被现有技术所包含时，则具有新颖性。其中，现有技术是指在专利申请日前，在澳门或澳门以外，通过说明、使用或其他途径为公众所知的一切技术；另外，在专利申请日前提出以便在澳门产生效力但尚未公布的各专利申请的内容，亦视为被现有技术所包含。

由此可见，澳门专利制度中的新颖性是绝对新颖性。对于不丧失新颖性的例外，主要有以下两种情况：①对科学界及专业技术社团的公开，或因在澳门或澳门以外进行官方或经官方认可的比赛、展览会及交易会而导致的公开，但仅以有关专利申请在12个月内在澳门提出为限；②对发明人或继受人而言属于明显滥用的公开或是因经济司不适当公布导致的公开。

包含发明活动是指，对于有关领域的专业人士而言，非以明显方式从现有技术所得的发明，视为包含发明活动的发明。

工业实用性是指，如发明的对象可在任一类型的企业活动中制造或使用，则该项发明具有工业实用性。

(三) 保护期

澳门的实用专利的存续期为6年，自提出申请日起计算；该期间可以续展2次，每次所附加的续展期为2年。续展申请应于在进行中的有效期的最后6个月内提出。实用专利的整个存续期，自提出申请日起计不得超过10年。

三、程序性规定

(一) 申请途径

申请澳门实用专利，申请人可以直接或者依据《巴黎公约》于在先申请日的 12 个月内向澳门经济局提出。

需要注意的是，不同于中国内地的实用新型专利，澳门特区的实用专利需要经过实质审查程序才可以授权。根据《国家知识产权局与澳门特别行政区经济局关于在知识产权领域合作的协议》，澳门实用专利的实体审查工作由中国国家知识产权局完成，其审查依据的审查标准是《专利合作条约》，具体的审批程序在澳门经济局完成。

另外，在澳门，按照《工业产权法律制度》第 16 条的规定，已在 WTO 或保护工业产权国际联盟的任一成员方，或向有权授予于澳门产生延伸效力的权利的任一跨政府机构，以正规方式提出授予本法规所指工业产权或授予同类权利的申请人以及继受人，为在澳门提出有关申请的目的，具有《保护工业产权巴黎公约》所定的优先权。也就是说，在澳门，任何按 WTO 或保护工业产权国际联盟任一成员方的国内法或域内法，或按上述国家或地区之间签订的双边或多边协定而提出的正规申请均可构成优先权的依据。据此，澳门承认在中国内地及中国香港提出的正规、首次申请的优先权。

另外，拟利用某一先前申请的优先权的人，应在其于澳门提出申请内附入指出该在先申请所提交的国家或地区、申请时间及编号的声明；同时，要求优先权的应当在申请日起 3 个月内向经济司提交首次申请的副本（无须认证），以及该首次申请提交日期的证明书，并在必要时按照要求提交译文。

(二) 申请文件

申请澳门实用专利时，应当提交以下文件：

1）已填妥的"实用专利注册申请书"表格（可从经济局网页下载或向经济局知识产权厅免费索取）。

2）已填妥的"摘要"表格（可从经济局网页下载或向经济局知识产权厅免费索取），摘要内容不应超过150个词或400个字。

3）实用专利说明书。

4）说明书附图。

5）权利要求书。

6）视乎需要，提交下列补充文件：

①授权书。

②优先权文件。

③申请人要求由中国国家知识产权局制作审查报告书时，若提交的所需文件（包括摘要、说明书、说明书附图和权利要求书等）并非以中文撰写，应提交中文译文。

④对于以非澳门特区正式语言做出的授权书，应提交本特区任一正式语言（中文或葡文）的译本。

其中，申请人以中文或葡文填妥"实用专利注册申请书"及"摘要"表格后，应将上述表格连同附件向经济局综合接待中心（2楼）的工业产权注册申请柜台提交，并在8个工作日内凭经济局发出的"缴费单"前往经济局综合接待中心（2楼）的缴纳处，以现金（澳门币）或支票（抬头写上"经济局"，并加画线）缴付有关费用。

若申请符合规定，自提出申请日起计已满18个月，或在主张某项优先权的情况下自主张日起计已满18个月后，有关申请公告将于每月首个或第三个星期出版的第二组《澳门特别行政区公报》内刊登。自刊登公告日起至授予实用专利之日止，任何第三者均可以书面形式就有关的注册申请提出声明异议。

审查报告书由指定实体撰写。实用专利注册申请获批准后，有关注册编号、权利人名称及批示日期等资料将公布于每月首个或第三个星期三出版的《澳门特别行政区公报》第二组内。

申请人应在核准注册的批示公布于《澳门特别行政区公报》日起1个月的上诉期届满后，或当有上诉提出时，在获知法院的确定裁判后5个工作日，凭经济局发出的已缴纳申请费用的收据正本，前往经济局综合接待中心（2楼）的工业产权注册申请柜台领取注册证。

(三) 审查

在澳门，实用专利的审查范围主要是从形式上看是否具备各项须提交的资料，以及是否满足保护客体的要求；同时，还要对实用专利进行实质审查，即审查是否符合新颖性、包含发明活动和工业实用性的要求。

针对实用专利申请的形式审查，经济司收到申请后，需在2个月内对其进行形式审查，以核实该申请是否具备提出申请所需提交的各项申请资料及补充资料。如果申请内欠缺某项资料或资料中有不符合规定之处，则应在经济司发出的通知之日起2个月内，或无该通知时自提交申请之日起4个月内，申请人需进行补正。若补正后仍不符合规定，则该申请会被驳回；若补正后符合规定，则该申请会自申请日起18个月，或主张优先权的自主张日起计满18个月后在《澳门特别行政区公报》上刊登申请公告。当然，应申请人要求，实用专利申请初审合格后也可提前公告。

针对实用专利申请的实质审查，申请人应自申请之日起4年内，提交制作审查报告书的申请或替代该申请的文件，澳门实用专利的实体审查工作由中国国家知识产权局完成，审查标准采用PCT的有关规定，审查符合标准后，方可获得实用专利的注册证。另外，实用专利申请经形式审查合格并公告后，从公告之日起到授予专利权止，任何第三人均可对该实用专利申请提出异议，该异议会转送申请人，申请人需在接到该异议通知起4个月内做出答复。

另外，在授予权利或驳回申请的批示未做出前，申请人可以主动要求重新做出申请，以获得与原申请权利的类型不同的另一权利。也就是说，在澳门允许申请人改变申请的类型。

申请人应在提出主申请或分案申请之日起4年内，通过填写从经济局网页下载或由经济局综合接待中心（2楼）的工业产权注册申请柜台提交实质审查申请，否则有关的注册申请将被驳回。通常，澳门的实用专利从申请到授权的周期为2~3年。

（四）授权后程序

在澳门，实用专利可以被宣告无效或撤销，但无效或撤销基于的原因有所不同。具体如下。

无效的原因包括：实用专利的主题属于被排除授权的主题；违反公共秩序方面的规则或违反善良风俗；未履行为获授予工业产权而须遵行的程序或手续。

撤销的原因包括：违反确定工业产权归何人的规定；工业产权书是在未顾及第三人以优先权或其他名义为依据拥有的权利的情况下给予的。

无效和撤销的宣告均只来自司法裁决。有关诉讼应由检察院或任一利害关系人针对被登录的权利人提起。而法院办事处应将有关诉讼的提起通过经济局，并在裁决确定后，向经济局发出裁判副本。

在澳门，实用专利在以下情况下会失效：存续期届满；欠缴应缴费用；权利人放弃。

另外，在澳门，如果申请人或权利人虽完全采取具体情况下应有的谨慎态度，仍因不能直接归责于本人的原因而未能遵守可导致驳回或影响权利有效性的期限，只要能同时符合以下两项要求，则可恢复其权利：

1）自障碍消失之日起2个月内提出适当说明理由的书面申请（但不得超过期限届满后1年）。

2）在上述期限内完成尚未履行的行为，并缴纳应缴费用。

该规定与中国内地现行《专利法实施细则》第6条的规定有所不

同，其没有区分"不可抗拒的理由"和"正当理由"的情况，只规定了"不能直接归责于本人的原因"一种情况，恢复期限是障碍消除之日起2个月内，但最长不得超过期限届满起1年（与中国内地"不可抗拒"的情况类似，但中国内地最长不得超过期限届满后2年）。

（五）费用

申请实用专利需缴纳申请费。申请实用专利应缴费用较发明专利减少40%。具体费用参见表2-3。

表2-3 中国澳门实用专利相关费用

项目	费用（澳门币）
注册申请	400
额外费用	250
重新转为有效	欠缴费用+400
内容与工业产权证书的内容相似的证明书	90
由有关国际组织给予的工业产权在本地区产生延伸效力的保护证明书	90
提出申请的证明书	90
宣布失效	1000
移转	200
使用许可	200
更正	100
延长期限	200
登记或注册的查阅	200

实用专利的年费自申请日起计算，首两年的年费已包含在注册申请费内，第3年至第10年每年的年费为200澳门币。其中，第3年至第10年每年的年费（包括已获准注册及尚未注册的专利）须在有关专利的上一年度到期日届满前的6个月内缴纳。

(六) 代理

在澳门，持有澳门特区居民身份证的个人或依澳门特区法律设立的法人（即公司、社团等），可以自己办理实用专利的申请，也可委托代理人办理。但是，在澳门特区无住所或营业所的申请人，则必须委托以下代理人，并递交有效的授权书：①在澳门特区律师公会注册的律师；②澳门特区居民；③依澳门特区法律设立的法人。

当前，澳门经济局指定的实体审查局为中国国家知识产权局，所以，直接或者依据《巴黎公约》提交的中国澳门实用专利申请，如果申请人希望经过实审程序审查后获取专利权，申请人所提交的申请文件必须以中文撰写或翻译成中文以供中国国家知识产权局审查员进行实体审查。

另外，在2003年10月17日，中国内地与澳门签署了《内地与澳门关于建立更紧密经贸关系的安排》（CEPA）。从2004年开始，国家知识产权局会同内地有关部门与澳门经济局协商，对澳门居民参加全国专利代理人资格考试做了安排，并派专家赴澳门进行专利代理人资格考试前的培训。可以预期，将来会有越来越多的熟悉澳门和内地知识产权制度的代理人为澳门和内地的申请人提供服务。

四、保护

在澳门，实用专利申请在《澳门特别行政区公报》上公布后即获得"临时保护"，但仅为计算损害赔偿时考虑，其与中国内地现行《专利法》第13条的规定相似。但在澳门的《工业产权法律制度》中还补充了一种情况：即使申请尚未公布，对于从申请人处获知申请的提出并获得了有关资料的人的行为，申请人也可以得到同样的临时保护。

实用专利注册登记后，只有权利人有权在澳门实施该实用专利。未经权利人的同意，任何人均不得制造、提供、储存、投放市场或使用，或为上述任一项目而进口或占有该产品。当然，权利人可以就该实用专利以无偿或有偿、全部或部分进行实施许可，其中实施许可合同须采用书面形式，且实施许可推定为非独家性质；如果权利人放弃给予其他实施许可的权利，则为独家实施许可。同时，除合同另有约定外，给予独家实施许可并不妨碍权利人直接实施工业产权的标的；无权利人的书面同意，被许可人不得转让其因实施许可而获得的权利；只有经权利人书面同意后，被许可人才能给予分实施许可。

上述规定类似中国内地现行《专利法》及《合同法》的有关规定，但值得注意的是：除合同专门约定外，在澳门的独家实施许可是指中国内地所称的"排他实施许可"，而不是"独占实施许可"（在后者的情况下，权利人自己也不得实施）。

五、总结和建议

概括而言，在澳门获得和运用实用专利，需要注意以下几点：

1）申请澳门实用专利，申请人仅可以直接或依据《巴黎公约》于在先申请日的 12 个月内向澳门经济局提出。澳门特区的实用专利需委托国家知识产权局进行实质审查程序才可授权，具体的审批程序在澳门经济局完成。

2）中国国家知识产权局为澳门经济局指定的实体审查局，如果申请人希望经过实审程序审查后获取专利权，申请人所提交的申请文件必须以中文撰写或翻译成中文。

3）澳门的实用专利是经过实体审查后才授权的，其审查标准与发明专利申请一致，因此澳门的实用专利的权利稳定性较好。另外，澳门实用专利的应缴费用较发明专利减少 40%，申请人可充分利用实用专利的优点，即获权较为容易且快速，费用较低，维权手续直接、简便等，对需保护的产品在澳门获得专利权，并获得相应的维权保护。

第十六节 中国台湾新型专利

一、概述

目前中国台湾的"专利法"是修订后于2013年生效的"专利法",共5章159条,其中第2章为发明专利,第3章为新型专利,第4章为设计专利。可见,中国台湾和中国大陆一样,只是称谓上有所不同:中国大陆叫实用新型专利,中国台湾叫新型专利;中国大陆叫外观设计专利,中国台湾叫设计专利;发明专利称谓则相同。

自从2002年中国台湾以单独关税区的名义加入世界贸易组织后,于2003年对"专利法"进行了大幅修改,新型专利于2004年7月1日起改为采取形式审查,首次将中国台湾的新型由实体审查改为形式审查。之后,2013年1月1日施行修正后的"专利法",此修正系新型改为采取形式审查后的首次修正。其后,由于实务界、学术界对2013年1月1日施行的"专利法"中两案一请制度的批评,中国台湾于2013年6月11日又对"专利法"进行了修正公布。

目前中国台湾的知识产权管理机构为"经济部智慧财产局",于1999年成立,主要负责专利权、商标专用权、著作权、集成电路布图设计专有权、商业秘密以及其他知识产权政策、法规、制度的制定和执行等事务。中国台湾于2008年7月1日设立"智慧财产法院",以期有效地解决有关知识产权的各种法律纠纷。

中国台湾1996年的专利申请量为47 055件,其中,发明专利15 959件;2016年专利申请量为72 442件,其中,发明专利43 836件。

根据中国台湾"智慧财产局"的报告,2018年上半年,三种专利申请总量为35 293件。其中,发明专利22 483件,增加3%,连续6季正增长;新型专利8931件,较上年同期减少8%(其中,中国台湾以外新型申请量 651 件，较上年同期增长 22%，已连续 4 季正增长）；设计专利 3879 件。

下面简要介绍中国台湾的新型专利制度。

二、实体性规定

（一）保护客体

中国台湾"专利法"对其新型专利的定义："新型，指利用自然法则之技术思想，对物品之形状、构造或组合之创作。"而中国大陆的实用新型，是指对产品的形状、构造或者其结合所提出的适于实用的新的技术方案。

从中国台湾"专利法"对新型专利的规定看，中国台湾的新型专利与中国大陆的实用新型保护的客体基本相同，保护的客体是产品不是方法。

中国台湾对新型专利客体的审查标准与大陆对实用新型客体的标准存在不同，后文将对此予以介绍。

（二）实体性要求

关于中国台湾新型专利的要求，与中国大陆《专利法》中对授予专利权的条件的规定基本相同，中国大陆《专利法》第 22 条中规定"授予专利权的发明和实用新型，应当具备新颖性、创造性和实用性"，而中国台湾的"专利法"中也明确规定了类似的新型专利实体性的要件。

中国台湾"专利法"第 22 条规定：可供产业上利用之发明（第 120 条规定，新型专利准用。下同），无下列情事之一，得依规申请取得发明专利：

1）申请前已见于刊物者。

2）申请前已公开实施者。

3）申请前已为公众所知悉者。

发明虽无前项各款所列情事，但为其所属技术领域中具有通常知识者依申请前之先行技术所能轻易完成时，仍不能取得发明专利。

申请人出于本意或非出于本意所致公开之事实发生后 12 个月内申请者，该事实非属第一项各款或前项不得取得发明专利之情事。

因申请专利而于公报上所为之公开系出于申请人本意者，不适用前款规定。

上述规定实质上对应于中国大陆《专利法》中的工业实用性、新颖性和创造性，同时规定了不丧失新颖性的公开享有 12 个月的宽限期。

此外，中国台湾"专利法"第 23 条规定了他人在本新型专利申请日前提交而在之后公布的发明或新型专利申请（即抵触申请）破坏新型专利的新颖性。

对于新型专利，在中国台湾"专利法"第 113 条中规定，"申请专利之新型，经形式审查认为无不予专利之情事者，应予专利，并应将申请专利范围及图式公告之。"对于不能授予新型专利的申请，中国台湾"专利法"第 105 条的规定为："新型有妨害公共秩序或善良风俗者，不予新型专利。"同时，中国台湾"专利法"第 112 条对于不授予新型专利的情形进行了进一步明确的规定，涉及申请保护的客体是否满足要求、申请的方案是否违反中国台湾"专利法"第 105 条规定以及申请文件的揭露方式是否符合相关"法规"等，但并未明确规定中国台湾的新型专利要具有类似中国大陆《专利法》规定的"新颖性""创造性"以及"实用性"。

（三）保护期

中国台湾的新型专利的保护期限为自申请日起计算 10 年届满。

对于转换类型的专利申请，中国台湾"专利法"规定，以原申请的申请日为转换类型后的改请案的申请日。

三、程序性规定

(一) 申请途径

在中国台湾申请专利的程序与中国大陆地区基本相同,由申请人准备申请书、说明书及必要图式等文件,向中国台湾"智慧财产局"申请即可。

对于不受理的申请人,中国台湾"专利法"第 4 条规定,申请人所属的国家与中国台湾如未共同参加保护专利的国际条约或无相互保护专利的条约、协定或由团体、机构互订经主管机关核准保护专利的协议,或对中国台湾民众申请专利不予受理者,其专利申请得不到受理。

申请人基于在中国台湾在先申请的发明或新型专利再次提出专利申请的,可以就在先申请的说明书或说明书附图中记载的发明创造内容主张优先权。不能享有中国台湾优先权的情况是,已超出自在先申请的申请次日起 12 个月的;在先申请已经享有过优先权的;在先申请是转换过申请类型的,在先申请已经审定的。对于被要求优先权的在先申请,自申请次日起 15 个月后视为撤回,并且自在先申请的申请次日起 15 个月后不得撤回在后申请的优先权请求。若在在先申请的申请次日起 15 个月内撤回在后申请,则视为同时撤回优先权请求。

中国台湾未加入《保护工业产权巴黎公约》及《专利合作条约》(PCT),中国台湾于 2002 年加入 WTO,基于 PCT 的申请,不能向"智慧财产局"提出,中国台湾的申请人可以通过向中国国家知识产权局提出 PCT 申请,然后进入相关国家。

中国大陆与中国台湾签署并在 2010 年 11 月 22 日起施行《海峡两岸知识产权保护合作协议》,达成了共识,相互承认 2010 年 9 月 12 日或之后首次提出的专利申请的优先权,但向中国国家知识产权局提出的 PCT 申请案除外。

中国台湾专利主张优先权,对申请类型的转换规定为,发明和新型专利可以相互转换，发明或新式样专利可以转换为新型专利，新型专利不能转换为新式样专利，这与中国大陆的实用新型专利可以转换为外观设计，外观设计不能转换为实用新型专利不同。

另外，与中国大陆不同的是，中国台湾的申请人在专利权授予之前可以修改申请类型，即可以将发明或新式样专利申请改为新型专利申请，也可以将申请新型专利改为申请新式样专利等。但自原申请准予专利的审定书、处分书送达后，或自原申请不予专利的审定书、处分书送达后超过 60 日后，或原申请案为新型，不予专利的处分书送达后逾 30 日的申请，不得再请求更改类型。

(二) 申请文件

中国台湾"专利法"规定，申请中国台湾新型专利，由专利申请权人准备申请书、说明书、申请专利范围（即中国大陆的权利要求书）、摘要及图示，向"智慧财产局"提出申请，以申请书、说明书、申请专利范围及图示齐备之日为申请日。

不同的是，中国大陆《专利法》及实施细则规定，提交的各种文件应当使用中文，而中国台湾"专利法"规定，说明书、申请专利范围及图示未于申请时提出中文而是以外文文本提出，且在指定期间内补正中文者，以外文文本提出之日为申请日。

(三) 审查

中国台湾对其新型专利采用形式审查，形式审查主要针对新型申请是否属于物品的形状、构造或组合，是否违反公序良俗，是否符合说明书、申请专利范围及图示记载方式，是否违反单一性及申请文件的揭露原则等。

与中国大陆的实用新型的初步审查相比，中国台湾的形式审查相对更为宽松，中国台湾对新型专利的形式审查中，判断新型专利是否符合物品的形状、构造或创作时，判断两个要件：其一为权利要求的前言部分应记载一物品；其二为权利要求的主体部分应记载有一结构特征。若具备前述两个要件，即使记载的技术特征涉及方法的改良，仍符合中国台湾"专利法"对新型客体的要求。

关于中国台湾的两案一请，2013年6月13日施行的"专利法"第32条规定，针对同一人就相同创作，于同日分别申请发明专利及新型专利，应于申请时分别声明；其发明专利核准审定前，已取得新型专利权，专利专责机关应通知申请人限期在发明专利和新型专利之间择一，申请人选择发明专利时，新型专利权自发明专利公告之日消灭，形成专利接续。此方面的规定与中国大陆的规定相同。

而中国大陆对实用新型申请的初步审查中规定，实用新型专利仅仅保护对产品的形状、构造提出的改进的方案，若同时涉及产品的制作方法、使用方法或计算机程序进行限定的技术特征，涉及对产品材料的改进、产品的形状以及表面图案、色彩或者其结合的技术方案，皆不属于实用新型保护客体。

另外，中国台湾的新型专利技术报告类似中国大陆目前实行的实用新型评价报告基于检索的结果对该新型的申请专利范围（即权利要求）的专利性进行评价。新型专利经公告后，任何人均可以就该新型专利向专利管理机构申请出具新型专利技术报告，且该申请不得撤回。与中国大陆不同的是，中国台湾的任何人均可提出专利技术报告请求，而大陆仅限于专利权人以及利害关系人。

专利技术报告的申请在专利公报上刊登，指定专利审查人员做出新型专利技术报告，如果符合相关规定，新型专利技术报告应当在6个月内完成。即使某新型专利权丧失，也仍可对其提出新型专利技术报告。中国台湾"专利法"还规定，当新型专利权人行使新型专利权时，应当提示新型专利技术报告进行警告，当新型专利权遭到撤销时，如果专利权人当初是基于技术报告的内容行使权利，则对他人因实施其新型专利而遭受的损失不负赔偿责任。

(四) 授权后程序

中国台湾专利授权后的撤销程序，对应中国大陆专利的无效程序，专利授权后，任何人发现授予的专利权违反规定的，均可以提出举发（提出无效请求），启动撤销程序。

新型专利权有下列情形之一的，任何人均可以向专利专责机关提起举发：

1）新型专利违反中国台湾"专利法"授予新型专利、不授予新型专利的规定。

2）新型专利为改请案，改请案超出原申请案的揭露范围，新型专利的补正文本的修改超范围。

3）新型专利存在缺乏新颖性或公开不充分的问题，或更早的一件发明专利或新型专利已经受到保护。

与中国大陆不同的是，在中国台湾，权属问题是可以作为撤销理由的。

(五) 费用

中国台湾新型专利的相关收费标准如下：

①申请新型专利，每件3000元新台币。

②申请改请为新型专利，每件3000元新台币。

③申请举发，每件9000元新台币。

④申请分割，每件3000元新台币。

⑤申请新型专利技术报告，每件5000元新台币。

⑥申请更正说明书或图式，每件2000元新台币。

⑦申请举发案补充、修正理由、证据，每件2000元新台币。

⑧申请变更说明书或图式以外之事项，每件300元新台币；同时申请变更两项以上者，亦同。但同时为第6款之申请或为前款之申请者，仅依各款之规定收费。

中国台湾三种类型专利的年费收费标准相同，具体如下。

①第 1 年至第 3 年，每年 2500 元新台币。

②第 4 年至第 6 年，每年 5000 元新台币。

③第 7 年至第 9 年，每年 9000 元新台币。

④第 10 年以上，每年 18 000 元新台币。

同时，中国台湾也实行专利年费减免制度，专利权人为中国台湾外的学校、中国台湾外的中小企业、中国台湾本地区中小企业的，可以书面申请减收专利年费，而专利权人为自然人或中国台湾本地区学校的，专利行政管理机构可以直接减收其专利年费。年费减收的具体内容是第 1 年至第 3 年每年减收 800 元新台币，第 4 年至第 6 年每年减收 1200 元新台币。

（六）代理

在中国台湾境内，无住所或营业所，在"智慧财产局"申请专利及办理专利有关事项时，应委托当地代理人办理。

四、保护

新型专利登记后，只有权利人有权实施该新型专利的主题。未经权利人的同意，任何人均不得制造、提供、销售、使用或者为上述目的的进口、储存属于该新型专利主题的产品。但是，新型专利的效力不及于下列行为：

1）个人的非商业目的的行为。

2）与新型专利主题相关的、以实验为目的的行为。

3）使用了受保护的新型专利的运输工具的临时过境行为。

中国台湾"专利法"第 116 条规定："新型专利权人行使新型专利权时，如未提示新型专利技术报告，不得进行警告。"根据该条规定，新型专利权人不可以以获得注册的新型专利权受到侵犯为由，直接向侵权者发送律师函或向法院提起诉讼,而需要事先提供由有关机关出具的该新型专利的评价报告。如果新型专利被撤销后,因权利人行使其权利导致他人利用受到损害时,权利人应予赔偿,但事先出示了新型专利技术评价报告的情形除外。

五、总结和建议

概括而言,中国台湾的新型专利仅进行形式审查,并且形式审查相对更为宽松,只要满足结构特征的判断要件,即使涉及方法、材料或程序的改进,仍符合中国台湾"专利法"对新型客体的要求。

同时,中国台湾专利申请也可以一案两请,采用一案两请,可以在发明专利悬而未决的时候,分离出新型专利,使发明较早且较为充分地获得保护。

中国台湾的新型专利申请虽然仅进行形式审查,但是采取专利技术报告制度,任何人在新型专利授权后均可申请新型专利技术报告,可通过专利技术报告获得技术方案是否具有可专利性的信息,以决定是否与专利权人进行专利实施许可。因此,虽然中国台湾的新型专利仅进行形式审查,但是若获得权利的方案本身专利性不足,可以被任何人通过专利技术报告获得其专利性,从而影响授权专利的许可、实施等,因此,在提出申请前,应预先进行充分的检索和评估,周密而细致地准备申请文件,尽量减少各种缺陷,确保获得稳定的权利。

第三章
世界其他主要国家实用新型专利

本章分节详细介绍 13 个世界其他主要国家（澳大利亚、德国、古巴、葡萄牙、委内瑞拉、西班牙、意大利、埃及、白俄罗斯、保加利亚、摩尔多瓦、乌克兰、匈牙利）的实用新型制度。

第一节 澳大利亚革新专利

一、概述

澳大利亚最早于 1952 年颁布专利法，现行专利法为 1990 年颁布的，1991 年颁布了相应的专利法实施细则。

澳大利亚专利法规定了常规专利（Standard Patent）以及革新专利[1]（Innovation Patent）两种专利保护形式。革新专利是一种类似中国的实用新型制度的二级专利保护体系。依据 2001 年 5 月 24 日起实施的专利法修正案，澳大利亚建立了革新专利体系，革新专利体系是用以取代原有小专利（Petty Patent）的一项新制度。

---

[1] 关于澳大利亚的 Innovation Patent，我国知识产权界的译法不一，有的称之为"创新专利"，有的称之为"革新专利"。本书采用后者，即"革新专利"。笔者认为，"革新"一词比"创新"更能反映其创造性较低的含义。

澳大利亚设立革新专利制度的初衷是为了适应澳大利亚自身的经济结构，促进革新，同时更好地维护创造能力较低、知识产权预算较少的中小企业的利益，并适应IT类产品市场生命周期较短的产品的特点，通过对微小和改进的发明给予知识产权保护来鼓励中小企业的革新。因为革新专利创造性程度低，能够经济、快捷地获得授权。

2016年12月澳大利亚生产力委员会（The Productivity Commission）发布了《生产力委员会关于知识产权安排的最终报告》，其中提到，建立革新专利系统（IPS）的出发点是为了促进中小企业的革新，但是，革新专利很少被真正用于行使权利；革新专利即使进行实质审查，其审查标准也很低，这给其他创新者带来不确定性。因此，革新专利成了专利权人策略性地防御竞争对手的工具。权衡利弊，生产力委员会提议废除革新专利。

在2017年8月，联邦政府对于上述报告的回应中，同意生产力委员会关于废除革新专利的提议，计划对1990年颁布的专利法进行修改，并将采取适当的制度安排来保持现有的权利。同时指出，政府将探索有助于保护中小企业的更直接的制度，帮助中小企业理解、运用和获得知识产权。但是，该制度最终结局如何，尚需要经国会表决方能尘埃落定。2018年11月，该修改议案尚未通过表决。何时能有结论，目前尚无准确预期。

澳大利亚于1925年加入《保护工业产权巴黎公约》，1980年加入《专利合作条约》，2007年加入《专利法条约》。

澳大利亚知识产权局（IP Australia）是澳大利亚的知识产权行政管理机构，负责专利、商标、外观设计和植物新品种的行政确权和管理工作。

根据世界知识产权组织的统计，2007—2016年，澳大利亚本国居民在澳大利亚的革新专利的年申请量基本维持在1000～1200件，外国人在澳大利亚的革新专利的年申请量从2007年的193件增长到2016年的730件。

下面简要介绍澳大利亚的革新专利制度。

二、实体性规定

(一) 保护客体

澳大利亚革新专利的保护客体与标准专利相同，用于保护除动植物品种和动植物的繁殖方法以外的所有发明创造，即革新专利的保护客体包括所有的产品和方法，这一点与我国实用新型专利只保护具有形状、构造的产品有很大不同。

可申请革新专利的主题范围要比我国实用新型大，包括：产品、设备、方法、工艺、系统或组合物，以及微生物学方法和利用微生物学方法制造的物质、商务方法、软件相关的发明、人类疾病治疗方法、药物发明等。但是动植物品种或者植物和动物繁育的生物学方法不是革新专利保护的客体。

(二) 实体性要求

革新专利的授权实体条件为具有新颖性、革新性和实用性。

新颖性要求为绝对新颖性，即世界范围内的文献公开及使用公开都可以破坏革新专利的新颖性。

革新专利的创造性低于标准专利的创造性，适用革新性标准，保护的是现有技术的改进，只要发明创造区别于以往技术且这种区别构成实质性贡献即可。

实用性是指能够在工业上制造或应用。

(三) 保护期

革新专利的保护期为自申请日起 8 年。

三、程序性规定

(一) 申请途径

中国人申请澳大利亚革新专利有两种途径：《巴黎公约》途径和《专利合作条约》途径。

依据《巴黎公约》，申请人可直接向澳大利亚知识产权局提出革新专利申请，并可要求享有在其他《巴黎公约》成员国的在先申请的优先权。

2013年3月，澳大利亚与新西兰就知识产权的协作签订了《跨塔斯曼协议》，澳大利亚和新西兰建立了统一的专利申请和审查程序，允许两国知识产权局受理来自对方国家的专利申请，并按照对方国家的法律规定审查其专利申请。根据该协议，外国申请人也可以向新西兰知识产权局提交澳大利亚的创新专利申请。

另外，依据《专利合作条约》，申请人可以向包括中国国家知识产权局在内的国际专利申请受理局提交PCT国际专利申请，同时可以依照《巴黎公约》要求中国和其他国家或地区在先申请的发明（或实用新型）的优先权。

自国际申请日起（有优先权的自最早优先权日起）31个月内（比别的国家或地区的30个月的规定多1个月）向澳大利亚知识产权局提出进入澳大利亚国家阶段的声明。需要注意的是，因为此期限并没有宽限期，所以申请人一定注意期限的安排。

首次在任一《巴黎公约》成员国提交国家发明或实用新型专利申请后12个月内，可直接向澳大利亚知识产权局（或新西兰知识产权局）就相同的主题提出革新专利申请。

澳大利亚有专利临时申请制度。在提交临时申请后的12个月内，申请人应提交完整说明书并选择常规专利或革新专利进行保护，或者提交PCT申请并要求临时申请的优先权。

申请人可对已经提交的专利申请进行申请类型转换。常规专利申请可以转化为临时申请或革新专利申请。革新专利申请可以转化为临时申请或常规专利申请。

对于革新专利，如果申请人希望将其转换为临时申请，则必须在该革新专利申请授权前或自申请之日起 12 个月内（以先到者为准）提出类型转换请求。如果希望将其转换为常规专利申请，则必须在该革新专利申请授权前提出类型转换请求。因为通常革新专利申请在提交之日起 1 个月左右就会被授权，所以上述类型转化请求应尽早提出。

除了期限要求之外，对于要求进行类型转换的申请，在类型转换过程中还需要补齐转换后申请类型的申请费用，并且满足各类型申请所需提交的文件。

PCT 申请进入澳大利亚国家阶段时，申请人可以选择革新专利申请，也可以先选择常规专利申请，然后转化为革新专利申请。

(二) 申请文件

临时申请需要提交的文件包括：

1) 请求书。用于临时申请的请求书需要填写的项目包括申请人信息/发明人信息、代理人信息以及生物技术的基因序列表信息（如果有的话）。

2) 申请文件。申请文件必须包括发明名称和说明书，说明书仅陈述发明创造的具体内容即可。对于临时申请而言，权利要求书并不是必需的。如果有附图或权利要求书，则应该将其与说明书分开编写。

在提出临时申请后的 12 个月内，可以选择革新专利申请，此时应提交完整的申请文件。正式的革新专利文件必须包括权利要求书，且该权利要求书只能包括 5 项以下的权利要求。

申请人可以通过电子系统或纸件方式向澳大利亚知识产权局递交临时专利申请。电子提交是目前最主要的专利申请提交方式。也可以将革新专利申请以纸件方式面交或邮寄至澳大利亚知识产权局总部或各州相应的专利管理机构。

申请革新专利的所有文件均必须使用英文。

(三) 审查

申请革新专利应缴纳申请费。申请费用可以在申请的同时缴纳，或者在收到官方下发的缴费通知之日起 2 个月内缴纳，否则专利申请将被视为撤回。

革新专利经过形式审查，通常自申请日起的 1 个月左右获得授权，成为一项未认证的革新专利。未认证的革新专利不具有对抗第三人的权利，但是可以进行许可或转让。

由于未经过实质审查，增加了革新专利是否有效的不确定性，从而增加了转让和许可使用的难度。因此，在开始侵权诉讼或类似行为前必须请求进行实质审查。

经过实质审查的革新专利称为认证的革新专利，具有法律上可执行的权利，具有法律上的强制执行力。

革新专利获得授权之后，申请人或第三方均可提出实质审查请求。实质审查程序并非革新专利的必经程序，只有当申请人或第三方提出实质审查请求后，才会启动这一程序，知识产权局不会依职权启动该程序。经审查满足专利性要求的革新专利，具有了同常规专利一样的法律效力，才能依法进行维权工作。

对革新专利而言，通常在提出实质审查请求的 6 个月左右，审查员会下发权利确认通知书或审查意见通知书。如收到权利确认通知书，专利权人即可依此革新专利进行维权。如果收到审查意见通知书，意味着该革新专利申请还具有不符合专利法规定的缺陷，申请人应该在 6 个月（该期限不可延长）之内克服审查员指出的所有缺陷，否则该革新专利的权利将被终止。

澳大利亚革新专利没有设置授权前异议和授权前复审程序。

（四）授权后程序

澳大利亚革新专利经过实质审查而获得授权后，对该专利权进行挑战的程序包括授权后复审、撤销以及异议三个程序。

（1）授权后复审（Re-examination）

澳大利亚的授权后复审程序类似于我国的无效程序。针对经过实质审查而获得授权的革新专利，专利权人、第三方或法院可以向澳大利亚知识产权局提出授权后复审。授权后复审的理由可以是：①不属于革新专利保护客体；②不具有新颖性、革新性或实用性；③说明书不清楚，公开不充分；④权利要求不清楚、不简明，得不到说明书的支持；等等。

知识产权局收到授权后复审请求后，将进行全面审查，然后向复审请求人和专利权人发出复审通知书。复审请求人和专利权人可以就复审通知书的内容进行答复，也可以对申请文件进行修改。如果审查员根据复审意见，认为该革新专利符合专利法的相关规定，将发出维持专利权有效的复审决定通知书；否则，审查员将启动听证程序，然后做出维持专利权有效或撤销专利权的决定。

（2）授权后撤销（Revocation）

第三方可以通过反诉手段或单独请求法院撤销革新专利，撤销理由可以是：①申请人不具有获得该革新专利的资质；②不属于革新专利保护的客体；③该革新专利不具有新颖性、革新性或实用性；④说明书不清楚，公开不充分；⑤权利要求得不到说明书的支持；⑥专利权是通过欺诈、误导等不诚信方式获得的。

法院将就撤销请求举行听证，专利权人及撤销请求人可以阐述双方意见，而后法院将做出判决。法院会将判决的副本发送至知识产权局备案。

（3）授权后异议（Opposition）

对已通过权利确认后的革新专利，第三方可依据以下理由向澳大利亚知识产权局提出授权后异议请求：①申请人不具有获得该革新专利权的资质或者应与其他人一同获得该专利权；②该革新专利主题不属于专利法所保护的客体；③该革新专利不具有新颖性、革新性或实用性；④该革新专利的说明书不清楚，公开不充分；⑤该革新专利的权利要求书不清楚、不简明，或不能得到说明书的支持。

授权后异议通过听证程序审理。听证程序可以采用口头或书面形式，异议请求人及专利权人可以陈述意见，之后，审查员做出异议决定。

（五）费用

申请革新专利需缴纳申请费。直接申请时，澳大利亚的革新专利的官方申请费为110澳元（电子递交）。经PCT途径申请时，官方申请费为370澳元（电子递交）。

革新专利实质审查费为500澳元。实质审查请求人为革新专利申请人时，该费用由该申请人支付；若请求人为第三人时，该费用由该第三人和申请人各支付250澳元。

可以通过缴纳维持费来维持革新新型的有效性，在自申请日起的2年和5年后，维持费分别为110澳元（电子递交）和220澳元（电子递交）。

澳大利亚专利律师的服务费为每小时300~600澳元。

以上费用均为2017年的费用水平，供申请人参考。

（六）代理

外国人在澳大利亚提出专利申请时，必须委托在澳大利亚知识产权局注册的专利代理人。

四、保护

未经专利权人的同意而进行的如下行为将被视为侵犯专利权：

1）当涉及产品专利时，制造者、租赁者、销售者以其他方式处置专利产品；许诺制造、许诺租赁、许诺销售或者以其他方式许诺处置专利产品；使用或者进口专利产品；以及为上述目的而储藏专利产品。

2）当涉及方法专利时，对由该方法造出的产品进行上述第 1 项的行为。

专利权人或被许可人可以对侵权行为向法院提出诉讼。法院可能对被诉专利侵权者发出禁令，或者要求被诉侵权者支付损害赔偿金，或者交出所得利润。

五、总结和建议

澳大利亚革新专利具有如下特点：其获权较为容易且快速，费用较低，但同时也具有权利稳定性尚不确定的缺点。经过认证的革新专利，其稳定性较好。

革新专利制度设立的初衷是保护创造性还未达到标准专利的发明。对于技术生命周期较短的产品而言，产品可以通过革新专利的保护及时进入市场；只有在发现侵权时才需要提请实质性审查，以便执行后续程序。这对专利权人来说是极其方便经济的。

但是，由于不经过实质性审查，专利的质量和有效性尚不确定。因此，革新专利的许可和转让相较标准专利而言都更加困难。

另外，需要注意的是，澳大利亚废除革新专利的行动已经在实施的路上，只是时间还不能确定。基于法不溯及既往的原则，即使将来修改专利法后废除了革新专利，原有革新专利可能将继续有效。但是在行使革新专利的权利时是否会受到限制，目前尚难定论。无论如何，新的专利法可能会留出一定时间的过渡期来实现新旧制度的合理衔接。所以，现有革新专利的申请人或专利权人应当未雨绸缪，可以考虑将该革新专利转化为常规专利（如果尚未超出原专利申请日起 12 个月的话），或者提出分案申请，以原有革新专利为基础，派生出新的常规专利。当然，在革新专利尚存之际，也可以考虑抓紧时间申请革新专利，以最大限度地抢占法律红利。

第二节　德国实用新型

一、概述

德国于 1891 年颁布了《实用新型法》，是世界上最早建立实用新型制度的国家。德国最初的实用新型法仅对工具和实用物品等"小发明"提供保护。100 多年来，德国的实用新型法不断演进，如今保护的客体扩展到了所有的产品发明。

德国知识产权法律体系中的"专利"相当于我国的发明专利，而"实用新型"则相当于我国的实用新型专利。德国的《专利法》和《实用新型法》系单独立法，它们均有配套的实施细则。德国现行的《实用新型法》为 2017 年 4 月 13 日修订版，《实用新型法实施细则》为 2012 年 12 月 3 日修订版。

德国实用新型体系提供了一种廉价、高效地保护知识产权的措施，并可覆盖多达 8200 多万德国居民，长期以来，一直受到发明人的青睐。德国专利商标局（DPMA）受理的实用新型专利申请数量达到专利申请的 30%之多。但是近年来，德国的实用新型申请量呈缓慢下降趋势。根据 WIPO 的统计，2007—2016 年，德国的实用新型申请量从每年 18 083 件下降到每年 14 030 件。这可能是由于其不经实质审查，权利稳定性尚不确定，因此越来越多的人倾向于申请发明专利。

DPMA 隶属于联邦司法部，负责专利、实用新型、外观设计、商标等的受理、审查、注册和撤销等行政事务。DPMA 是欧洲最大的国家知识产权局，也是全球第五大国家专利局，其总部设在慕尼黑，在耶拿和柏林设有办事处，共有 2500 多名员工。

下面简要介绍德国的实用新型制度。

二、实体性规定

（一）保护客体

在德国，实用新型的保护对象是所有的产品发明，其中包括化学物质、食品和药品。此外，以方法特征限定的产品以及产品的用途（例如化合物的医药用途等）都可以得到实用新型的保护。但是，方法发明不是实用新型保护的客体。

实用新型的保护不适用于：发现、科学理论和数学方法；美学创作；智力活动、游戏或商业活动的方案、规则和方法；信息的表达；计算机程序；生物技术发明（例如，克隆人的方法，改变人体生殖细胞遗传同一性的方法，基于工商业目的使用人体胚胎、改变动物遗传同一性的方法等）；动物和植物品种；违反公共秩序和善良风俗的发明。

（二）实体性要求

德国的实用新型需满足三个实体性条件：新颖性、创造性和工业实用性。

新颖性的含义是，如果实用新型的主题不属于现有技术的一部分，则认为它是新颖的。此处的现有技术包括在申请日以前记载于出版物的技术，或在德国公开使用或者能够公开获得的任何知识。可见，德国实用新型采用的是相对新颖性标准。由于德国的发明专利采用的是绝对新颖性标准，故实用新型的新颖性标准低于发明专利的新颖性标准。

如果在实用新型的申请日前6个月内，申请人公开发表或公开使用了该实用新型，申请人的这些行为不会使该实用新型申请丧失新颖性，此即不丧失新颖性的宽限期。

创造性是指，如果相对于上述现有技术，本发明对于本领域技术人员来说不是显而易见的，则该实用新型具备创造性。此处的现有技术范围同上，但实用新型的创造性高度与发明专利相同。

工业实用性是指，如果一项实用新型的主题可以在包括农业在内的任何产业中制造或使用，则应当认为它具有工业实用性。

(三) 保护期

德国实用新型的保护期限自申请日起计算，终止于10年后申请日所在月的月末。照此计算，如果实用新型的申请日在月初，其保护期限最长可以达到10年零1个月。

三、程序性规定

(一) 申请途径

《巴黎公约》成员国的外国申请人可以依《巴黎公约》途径，直接在德国提出实用新型申请。直接在德国提出实用新型申请时，申请人可以要求一项或多项优先权。

申请人也可以先提出PCT专利申请，自最早的优先权日起30个月内进入德国国家阶段，请求获得实用新型保护。

由于欧洲专利体系没有实用新型，所以，申请人不能直接通过欧洲专利的途径获得德国的实用新型保护，但可以通过"分离申请(branch-off或split-off)"获得实用新型保护。

根据《巴黎公约》，实用新型可以享受本国或外国优先权。优先权的基础可以是实用新型，也可以是发明专利。自发明专利或实用新型首次在德国或其他国家提出申请之日起12个月内，申请人就同一发明申请实用新型的，可以享有优先权。

与中国不同的是，优先权声明可以在提出在后申请的同时提出，也可以在在后申请的申请日起2个月内提出。当被在后的实用新型申请要求优先权时，作为在先申请的发明专利申请不被视为撤回，而作为在先申请的实用新型如果尚在DPMA等待审查，则该在先的实用新型申请将被视为撤回。

德国的实用新型申请还可以享有展览会优先权。如果申请人在国内或者国外展览会上展览其发明，并在该发明第一次展出之日起 6 个月内提出实用新型申请，可以主张展览会优先权。此处的展览会应是德国联邦司法部曾在联邦法律公报中明确规定的使用展览保护的展览会。

在德国，实用新型还可以通过"分离申请"的方式享受在先的发明专利申请的优先权。当申请人已在 DPMA 就同一发明提出一项有效的专利申请后，在该专利申请程序结束（比如申请被撤回、被视为撤回或被驳回等）或异议（如果有的话）程序终结的当月月底之日起 2 个月内，提出实用新型申请，同时要求该发明专利申请的优先权。但是，如果从该专利申请的申请日起已经超过 10 年，则不能以"分离申请"的方式提出实用新型申请。该有效的 DPMA 专利申请可以是德国发明专利申请、指定德国的欧洲发明专利申请或指定德国的 PCT 申请。

"分离申请"的好处是，从发明专利申请分离出德国实用新型时，原有的发明专利申请程序仍可继续进行，不受影响。如果 PCT 申请进入德国的 30 个月期限已经错过，则可以考虑在 30 个月期限截止日期所在月的月末起 2 个月内从 PCT 申请中分离出德国实用新型。

分离实用新型可以作为专利申请的补充。在分离实用新型获得注册后，无论专利权最终是否获得授权，均可依据该分离的实用新型行使权利，从而使发明享有充分的保护。

（二）申请文件

申请实用新型时，应当提交 DPMA 规定的请求表，请求表中应按规定填写申请人姓名或名称、实用新型名称、希望获得实用新型注册的声明、代理人信息等。

实用新型的申请文件包括权利要求书、说明书和必要时的附图。权利要求书中可以包括一项或多项权利要求。在包括多项独立权利要求的情况下，这些独立权利要求之间应当具备单一性。说明书应当写明该实用新型的技术领域，对于理解该实用新型有用的背景技术、技术问题、技术手段、技术效果以及至少一个实施方式。附图可以有多张，可以有附图标记，但不应有多余的文字。

除请求书外，申请时可以采用任何语言，但应当在申请日起3个月内补交德语译文。优先权文件、在先申请文件一般无须提交译文，不属于申请文件组成部分的内容（如参考文件、证明文件等）以及采用英语、法语、意大利语和西班牙语的申请文件一般也无须提交译文，但在审查员要求提交译文时，申请人应当提交译文。

DPMA既接受纸件形式的实用新型申请，也接受电子形式的实用新型申请。

（三）审查

DPMA对实用新型的审查范围主要是形式上是否满足保护的要求。同时，还要审查要求保护的客体是否属于实用新型保护的客体，以及是否属于被《实用新型法》排除的客体。新颖性、创造性和工业实用性在注册前不进行审查。

应实用新型的申请人或者登记的权利人以及第三人的请求，DPMA将进行公开出版物的检索。第三人也可以向DPMA提供影响实用新型注册的公开出版物。检索的结果将会通知检索请求人，但检索请求人为第三人时，该第三人不能就该检索结果发表意见。即使检索报告的结果是负面的，也不会妨碍实用新型的注册。

在DPMA做出注册实用新型的裁定前，申请人可以对实用新型申请文件进行修改，但前提是，修改不能超出原始申请文件所记载的范围。超出原始申请文件范围的内容不享有任何权利，这也是实用新型被撤销的理由之一。

实用新型申请的审查未被通过时，如果申请人对DPMA的裁定不服，可以在裁定通知送达的1个月之内以书面形式提起申诉。

在审查通过后，DPMA会授予注册证书。注册证书含有德国实用新

第三章　世界其他主要国家实用新型专利

型的相关注册信息。德国实用新型的文本内容大约会在注册的 6 周后进行电子公布。但 DPMA 不会就电子公布再进行书面通知，也不会再寄送纸质的注册实用新型文本。

从实用新型的申请日起，注册程序平均在 6~8 周内完成。

(四) 授权后程序

实用新型注册时未审查其是否有资格获得保护。如果发生争议，DPMA 的撤销程序将澄清所注册的实用新型是否具有新颖性和创造性。

任何人都可以以如下理由向 DPMA 提出撤销实用新型的请求：

1）实用新型的主题属于被排除授权的发明主题，或缺乏新颖性、创造性或实用性。

2）实用新型的主题由于更早的一件发明专利或实用新型申请已经受到保护。

3）实用新型的主题超出原始提交的申请文件的范围。

若以实用新型权利人未经在先权利人同意而将其说明书、图例、模型、工具或者设备的实质性内容进行了实用新型登记为由，请求撤销该实用新型的，撤销请求人只能是该在先权利人本人。

提出撤销请求需缴纳费用（300 欧元），并且以书面形式提交撤销的理由和证据。

针对撤销请求，DPMA 将组织实用新型异议组来进行审理。实用新型异议组由两位技术成员和一位法律成员组成。DPMA 将撤销请求通知实用新型权利人，并要求其在 1 个月内做出答辩。如果权利人没有按时提出反对意见，则撤销该实用新型。如果权利人按时提出了反对意见，则 DPMA 将该反对意见通知撤销请求人，并参照民事诉讼法及专利法民事诉讼法的有关听证程序做出裁决。审理决定将一并就双方的程序费用的分担做出裁决。

对 DPMA 就撤销请求做出的裁定不服时，可以向联邦专利法院提起申诉。

（五）费用

申请实用新型需缴纳申请费。直接申请时，德国实用新型的官方申请费为 30 欧元（电子递交）。经 PCT 途径申请时，官方申请费为 40 欧元。

如果需要德国专利商标局出具检索报告，官方的检索费为 250 欧元。

可以通过缴纳维持费来维持实用新型的有效性，在申请日起的 3 年、6 年和 8 年后，维持费分别为 210 欧元、350 欧元和 530 欧元。

德国专利代理人或律师代理实用新型申请的基础服务费为 600~700 欧元，中文翻译为德文的翻译费为 25~30 欧元/100 汉字。根据案件情况的不同，会产生例如补交译文、请求检索、缴纳维持费等方面的费用，此类费用从 100 欧元到数百欧元不等。按时间计费时，德国专利律师的服务费约为 300 欧元/小时。

以上费用均为 2018 年的费用水平，供申请人参考。

（六）代理

在德国没有住所或营业所的申请人，必须委托德国的专利代理人或律师作为代理人，才能在 DPMA 或德国的法院进行各项事务。

四、保护

实用新型登记后，只有权利人有权实施该实用新型的主题。未经权利人的同意，任何人均不得制造、提供、销售、使用或者因上述目的而进口、储存属于该实用新型主题的产品。但是，实用新型的效力不及于下列行为：

1）个人的非商业目的的行为。

2）与实用新型主题相关的、以实验为目的的行为。

3）使用了受保护的实用新型的运输工具的临时过境行为。

实用新型权利人可以以获得注册的实用新型的权利受到侵犯为由，直接向侵权者发送律师函或向法院提起诉讼，而不需要事先提供由有关国家机关出具的该实用新型的评价报告。

五、总结和建议

概括而言，德国实用新型具有获权较为容易且快速，获权方式多样，费用较低，维权手续直接、简便等优点，但权利的稳定性尚不确定。所以，我国申请人希望在德国获得和运用实用新型时，需要注意以下几点：

1）充分利用分离申请。采用分离申请，可以在发明专利悬而未决的时候，分离出一个或多个实用新型，使发明较早且较为充分地获得保护。

2）确保获得稳定的权利。虽然德国对实用新型申请不进行检索和实质审查，但是，如果获得权利本身存在不具新颖性、不具创造性、得不到说明书的支持等实质性缺陷，很容易导致权利被撤销。所以，在提出申请前，应预先进行充分的检索和评估，周密而细致地准备申请文件，尽量减少各种缺陷，确保获得稳定的权利。

3）认真应对挑战。德国的实用新型发生争议时，无论是在撤销程序还是在诉讼程序中，败诉一方不但需要承担法定的程序费用，而且需要承担对方因该争议而产生的律师费等合理费用。所以，一旦发生争议，就应该积极应对，而不应听天由命，否则，不但有可能导致权利的丧失，还可能招致严重的经济损失。

第三节 古巴实用新型

一、概述

古巴于 1983 年 5 月 14 日颁布了《关于发明、科学发现、工业设计、标志和原产地名称》法令,该法令已被 1999 年 12 月 24 日颁布的 203 号法令废除,现行与专利有关的法律是 2011 年 11 月 20 日实施的《发明、工业品外观设计和实用新型法》。

古巴是世界知识产权组织成员,于 1904 年 12 月 17 日加入了《保护工业产权巴黎公约》,于 1994 年 2 月 19 日加入了《国际承认用于专利程序的微生物保存布达佩斯条约》,于 1996 年 7 月 16 日加入了《专利合作条约》,于 2000 年 6 月 2 日加入了《专利法条约》等。

古巴工业产权局(OCPI)隶属于古巴科学技术和环境部,负责古巴的工业产权行政管理工作。

古巴知识产权法律体系中的"专利"相当于我国的发明专利,而"实用新型"从概念上相当于我国的实用新型专利,但是从审查程序上与发明专利审查程序类似。

申请量方面,以 2016 年为例,古巴的专利申请量为 156 件(实用新型为 1 件),商标申请量为 3026 件,外观申请量为 7 件,总体来说,古巴的专利申请体量较小。

下面简要介绍古巴的实用新型制度。

二、实体性规定

(一)保护客体

在古巴,实用新型的保护对象是产品的结构、构造和组成或者产生功能改进的零部件，过程、生物技术或化学产品不能作为实用新型的保护客体。

实用新型的保护不适用于：发现、科学理论和数学方法；美学创作；智力活动、游戏或商业活动的方案、规则和方法；信息的表达；计算机程序；生物技术发明（例如，克隆人的方法，改变人体生殖细胞遗传同一性的方法，基于工商业目的使用人体胚胎、改变动物遗传同一性的方法等）；动物和植物品种；违反公共秩序和善良风俗的发明。

(二) 实体性要求

古巴的实用新型需满足三个实体性条件：新颖性、创造性和工业实用性。

新颖性的含义是，如果实用新型的主题不属于现有技术的一部分，则认为它是新颖的。此处的现有技术包括在世界范围内以书面、口头或使用公开、销售、许诺销售、展览或以任何其他媒介方式为公众所知的任何技术，可见，古巴实用新型采用的是绝对新颖性标准。

创造性是指，如果相对于上述现有技术，一项发明对于该领域技术人员来说不是显而易见的，则该实用新型具备创造性。

工业实用性是指，如果一项实用新型的主题可以在包括农业在内的任何产业中制造或使用，则应当认为它具有工业实用性。

(三) 保护期

古巴实用新型的保护期限自申请日起计算，保护期为 10 年。

三、程序性规定

(一) 申请途径

《巴黎公约》成员国的外国申请人可以依《巴黎公约》途径，直接在古巴提出实用新型申请。直接在古巴提出实用新型申请时，申请人可以要求一项或多项优先权。

申请人也可以先提出 PCT 专利申请，自最早的优先权日起 30 个月内进入古巴国家阶段，请求获得实用新型保护。

根据《巴黎公约》，实用新型可以享受本国或外国优先权。优先权的基础可以是实用新型，也可以是发明专利。自发明专利或实用新型首次在古巴或其他国家提出申请之日起 12 个月内，申请人就同一发明申请实用新型的，可以享有优先权。

要求多项优先权的申请，优先权的计算时限从多个优先权中最早优先权日起算。

古巴的实用新型申请还可以享有展览会优先权。如果申请人在官方认可的国际展览会上展览其发明，并在该发明第一次展出之日起 6 个月内提出实用新型申请的，可以主张展览会优先权。此处的展览会应是古巴政府根据 1928 年 11 月 22 日公布的《国际展览会公约》中认可的展览会。

(二) 申请文件

申请实用新型时，应当提交请求表，请求表中应按规定填写申请人姓名或名称、实用新型名称、希望获得实用新型注册的声明、代理人信息等。

实用新型的申请文件包括：

1) 权利要求书、说明书和必要时的附图（西班牙语），每组权利要求的最多权利要求数为 5 个（超过 5 个需要缴纳附加费用），说明书超过 30 页需要支付附加费用。

2) 发明人向申请人的转让文件。

3) 优先权文件副本。

所有递交古巴专利局的文件都应该使用西班牙语，证明文件需要提交西班牙语翻译文本。优先权文件、在先申请文件一般无须提交译文，但是这类文件的宣誓声明文本需要提供西班牙语译文，优先权文件应该在申请日起 3 个月内提交专利局。

(三) 审查

在实用新型申请提交 12 个月内，根据申请人的请求，可以转换为发明申请。转换后的发明专利申请的申请日以原实用新型申请的提交日为准。

古巴对实用新型进行形式检查。如果工业产权局在形式审查过程中提出驳回意见，申请人将被告知在规定期限内进行答复。正常答复审查意见的期限为 60 个自然日，原则上在初始期限到期之前支付费用的情况下允许延期 30 个自然日。

实用新型专利申请经形式审查受理后，在申请日 18 个月后公开。任何相关人员从实用新型申请公布之日起 60 天的异议期开始都可以提出意见。在异议期满后，不能再提交针对该实用新型申请的意见。提交意见的人成为注册过程的一部分。申请人将被通知可以在通知日期起 60 天内提交针对异议意见的争辩。

在异议期满后的 12 个月内对实用新型进行新颖性和非显而易见性（创造性）实质审查。如果专利局在新颖性和创造性方面提出反对意见，申请人将被告知在给定期限内给予答复。正常答复审查意见的期限为 60 个自然日，原则上在初始期限到期之前支付费用的情况下允许延期 30 个自然日。

专利局做出初步决定的结论性的审查报告，并通知申请人和对手（如果有的话）。申请人或对手可以针对审查结论报告在收到通知日起 30 天内向工业产权局提出申诉。

通过审查后，申请人有权获得专利，授权通知将发送给申请人或申请人的代理人。从收到授权通知日起 30 天内必须支付授权费。如果该费用未在上述期限内支付，则该申请将被视为放弃。

在收到审查决定通知之日起 30 天内可以针对该审查决定向哈瓦那市人民省级法庭的民事和行政庭起诉。在收到哈瓦那市人民省级法庭的民事和行政庭的决定 5 天内，可以向最高法院进一步提起上诉。

（四）授权后程序

实用新型的权利人可以书面形式向古巴工业产权局宣布放弃该实用新型专利。

在以下条件下，任何人均可向古巴知识产权局请求宣告已被授权的实用新型的全部或部分无效：

1）在没有遵守第 38 条规定的拒绝申请的情况下批准，即获得授权的实用新型不属于实用新型保护的客体，不具备新颖性、创造性和实用性，或者实用新型没有清楚、充分地公开其技术方案，或者实用新型的修改超出了原始公开的范围。

2）违反授予实用新型专利时的有效规定。

3）基于虚假、不准确或遗漏的要素而授予的权利。

提出无效宣告请求的行为不受时效限制。

被宣告无效的权利要求被视为自始即没有效力。

（五）费用

在提交申请时需要缴纳的费用：

1）申请费：官费 350 美元，服务费约 500 美元。

2）分案费：官费 240 美元，服务费约 450 美元。

3）说明书超页费（超过 30 页需缴纳）：官费 5 美元/页，服务费约 1 美元/页。

4）颁证费：官费 150 美元，服务费约 180 美元。

5）优先权要求费：官费 50 美元，服务费约 100 美元。

6）年费（在提交申请时就需要缴纳前两年的年费，这一点与中国完全不同，申请人需要特别注意。另外，年费缴纳有 6 个月的宽限期，但需要交 2 倍年费的罚金）。

实用新型的年费如下：第 3 年，150 美元；第 4 年，200 美元；第 5

年，250美元；第6年，300美元；第7年，350美元；第8年，400美元；第9年，450美元；第10年，500美元。

(六) 代理

在古巴没有住所或营业所的申请人，必须委托古巴的专利代理人或律师作为代理人，才能在古巴的法院进行各项事务。

四、保护

他人未经实用新型权利人同意制造、使用、许诺销售、销售或进口实用新型的产品对象的行为，是侵犯实用新型专有权的行为。

但是，专门为教学或科研目的而进行的上述行为、以私人用途或非商业目的进行的上述行为、为与发明主题有关的实验目的而进行的上述行为，均不视为侵犯实用新型专有权。

实用新型的权利人或者被许可人根据许可协议的规定，可以向哈瓦那省级人民法院依法提出实用新型侵权诉讼。在实用新型专有权是共有权利的情况下，共有权利的任何一方可以提出侵权诉讼。

当因侵权行为损害了社会或国家的利益时，检查人员可以对侵权者提起诉讼。

权利人或被许可人应当在能够采取起诉行为起1年内，依据法律的规定对侵权人提出诉讼。

如果因被告的侵权行为可能导致侵权证据的灭失或者有可能造成难以弥补的损失，原告可以请求法院采取临时禁令。

在侵权诉讼的听证程序中，原告可以提出如下诉讼请求：

1）停止侵权。

2）修复物质损害。

3）赔偿损失。

4）请求侵权者让渡侵权产品或主要用于侵权的包装、标签或广告材料等，这些物品可以计入赔偿的数额。

5）精神损害赔偿。

6）请求侵权者销毁侵权产品或主要用于侵权的包装、标签或广告材料等。

五、总结和建议

概括而言，古巴实用新型要进行实质审查，其从审查周期上来看，基本上与中国的发明专利的审查周期类似。因此，古巴实用新型并不具有授权快、费用低、程序简便等优点，且其保护期限仅为 10 年，因此，中国申请人在古巴选择专利保护类型时，应该慎重考虑是否申请实用新型。

第四节　葡萄牙实用新型

一、概述

葡萄牙现行专利制度主要包括 2002 年 7 月 15 日发布的第 17/2002 号法令《工业产权法》。葡萄牙的专利分为发明专利、实用新型和外观设计三大类。其建立实用新型制度的目的是，采用比发明专利更简便、更快速的行政程序来保护发明创造。采用何种方式来保护发明创造，取决于申请人的选择。

葡萄牙于 1884 年 7 月 7 日成为《保护工业产权巴黎公约》成员国，于 1975 年 4 月 27 日加入世界知识产权组织，于 1992 年 1 月 1 日加入欧洲专利组织（EPO），于 1992 年 11 月 24 日加入《专利合作条约》，于 1997 年 10 月 16 日加入《国际承认用于专利程序的微生物保存布达佩斯条约》，并于 2000 年 6 月 2 日签署了《专利法条约》。

葡萄牙工业产权局（National Institute of Industrial Property，INPI）是办理专利、商标等工业产权事务的行政主管部门，负责专利、商标等工业产权的受理和审查。

根据WIPO的统计，葡萄牙的实用新型申请量不大，2007—2016年，基本上维持在每年100件左右。

下面简要介绍葡萄牙的实用新型制度。

二、实体性规定

（一）保护客体

葡萄牙实用新型保护的客体与发明一样，根据《总则》第117条，凡是新的、具有创造性的，且具有工业实用性的发明均可以作为实用新型予以保护。即葡萄牙的实用新型的保护对象不限于产品，方法也可以受到实用新型的保护。

但是，通常被发明专利所排除的保护对象也不能得到实用新型的保护，其中包括数学方法和理论、美学方法和产品、动植物品种、人和动物的疾病的诊断和治疗方法等。

此外，根据《总则》第119条，下列对象不能作为实用新型的保护客体：①商业使用违法或违背公共政策、公共卫生或道德的发明，但不能仅因法律法规禁止使用而将其归于前述类型的发明；②涉及生物材料的发明；③涉及化学或医药的物质或方法的发明。

（二）实体性要求

如上所述，葡萄牙的实用新型需具备新颖性、创造性和实用性。

如果发明创造性不构成现有技术的一部分，则应视为新发明，即该发明具备新颖性。现有技术是指，在申请日（有优先权的，指优先权日）前，在葡萄牙或其他国家，该发明的技术方案未被公开。公开的方式包括出版物公开和使用公开。

如果发明符合以下要求之一，应视为具备创造性：①它对本领域技术人员而言非显而易见；②它为制造或使用有关产品或方法提供了实际的或技术上的优势。实用新型创造性的要求与发明相同。

如果一项发明创造可用于任何工业或农业，则该项发明应被视为具备工业实用性。

（三）保护期

实用新型专利的保护期为自申请日起 6 年。在实用新型专利权有效期限的最后 6 个月内，专利权人可申请续展 2 年。在首次续展期的最后 6 个月内，专利权人可以再次申请续展 2 年。续展最多允许 2 次。因此，实用新型的保护期最长为 10 年。

三、程序性规定

（一）申请途径

外国人可以通过《巴黎公约》途径向葡萄牙申请实用新型专利。此时，实用新型申请可享有优先权。

外国人还可以通过 PCT 途径提交专利申请，然后在申请日（要求了优先权的，指优先权日）起 30 个月进入葡萄牙国家阶段，并要求提供实用新型保护。

此外，由于葡萄牙是 EPO 成员，故外国申请人可以通过 EPO 途径获得欧洲发明专利授权，然后在葡萄牙生效，在生效的同时或之后转换为实用新型。

同一发明创造可以同时或先后作为发明专利和实用新型申请的主题。需要注意的是，只能在提交在先申请之日起 1 年内提交上述提及的在后申请。实用新型的效力应在同一发明授予专利后终止。

自发明专利或实用新型首次在葡萄牙或其他国家提出申请之日起 12 个月内，申请人就同一发明申请实用新型的，可以享有优先权。

（二）申请文件

在葡萄牙，实用新型申请文件应以葡萄牙文提交。申请文件包括说明书、权利要求书、说明书附图、摘要、摘要附图。如果委托了代理机构，还需要提交委托书。申请文件应指明或包含：

1）申请人的姓名、国籍、地址或营业地、税号（如果居住在葡萄牙的话）和电子邮件地址（如果有的话）。

2）发明的名称或标题。

3）发明人的姓名和居住国。

4）如果申请人希望要求优先权，则须写明提交在先申请的国家、申请日期和申请号。

5）如果有的话，需要标明已为同一发明创造申请了发明专利。

6）申请人或其代理人的签名或电子身份证。

权利要求的主题不得使用花哨的名称，即应尽量采用规范的名称。

要求优先权时，应当指明在先申请的申请号、申请日以及受理机关。

（三）审查

申请人向国家工业产权局提交实用新型专利申请后，国家工业产权局将在1个月内对实用新型的文件形式和要求保护的客体进行初步审查。

如果国家工业产权局发现该申请包含形式上的缺陷或其主题不属于实用新型保护的客体，则将给予申请人2个月的时间予以纠正。如果申请人未在规定的时间内予以纠正，则申请将被拒绝，并且该决定将在《工业产权公报》中公布，在这种情况下，该实用新型将不予公布。

初步审查合格之后，或者当申请人或第三人提出实质审查请求之后，国家工业产权局将对该实用新型申请进行检索，以评估其是否具备新颖性和创造性。该检索报告是无约束力的。国家工业产权局将尽快把该检索报告送达申请人。

如果经初步审查，该实用新型不存在形式和保护客体方面的缺陷，或者申请人依法改正了上述缺陷，该申请将在《工业产权公报》上公布，同时公布的还有其摘要及国际分类号。该公布将从申请日（有优先权日的为优先权日）起6个月内进行。应申请人的明确请求，该公布可以提前。申请人也可要求延后公布，但不得超过申请日（有优先权日的为优先权日）起18个月。申请公布后，任何人均可请求获得案卷中的某些文件的副本。

若申请人未要求实质审查，且无异议，则国家工业产权局将通知申请人该申请将被授予临时专利权。一旦有人提出实质审查请求，该临时实用新型的效力即终止。申请人或者利害关系人可以请求国家工业产权局对该实用新型进行实质审查，此时，国家工业产权局将对该发明创造的新颖性和创造性进行审查。可以在申请阶段或临时实用新型仍然有效期间提出实质审查请求。请求人应在请求之日起1个月内支付审查费用。如果临时实用新型的持有人希望提起诉讼或要求仲裁来保护所享有的实用新型的利益，则必须要求国家工业产权局进行以上所述的实质审查。

应申请人或利害关系人的请求，国家工业产权局可以加快实质审查。

如果实质审查表明的结论是可以授予实用新型，则授权通知应在《工业产权公报》上公布。但如果得出的结论是不能获得批准，国家工业产权局将通知申请人，申请人应在2个月的期限内回复上述意见。如果在申请人的答复之后，发现仍有不予授权的理由，则应给予申请人1个月的时间以澄清持续存在疑虑的问题。如果基于申请人的回复，发现可以授予实用新型，则应在《工业产权公报》上公布授权通知。

如果对通知的回应不被完全接受，则将根据审查报告发布驳回通知或部分授权通知。如果申请人未对该通知做出回应，则驳回该实用新型，并在《工业产权公报》上公布驳回通知。

(四) 授权后程序

经过实质审查被授权的实用新型可能被宣告无效,而临时实用新型不能被宣告无效。

在下列情况下,实用新型是无效的:

1) 其主题不符合新颖性、创造性和工业应用性的要求。
2) 其主题不属于实用新型保护的客体。
3) 实用新型所涉及的发明创造的名称或主题覆盖了另外的客体。
4) 对实用新型的主题的描述不足以使任何本领域技术人员能够实施。

(五) 费用

实用新型专利申请需缴纳申请费。如果是电子申请,申请费约为106欧元,如果是纸件申请,则申请费约为213欧元。如果修改申请文件,需缴纳修改费26欧元(电子)或52欧元(纸件)。实用新型授权后,还需要缴纳30~60欧元的年费。

(六) 代理

在葡萄牙无固定居所的外国申请人需要指定葡萄牙的代理机构在葡萄牙国家知识产权局从事各项申请业务。

四、保护

实用新型专利的保护范围以权利要求的内容为准,说明书和附图可以用来解释权利要求。对于涉及方法的实用新型,其权利延及由该专利方法直接获得的产品。

在标注实用新型专利号时,实用新型的专利权人应当根据实际情况区别标注"实用新型专利号"或"临时实用新型专利号"。

实用新型赋予权利人在葡萄牙境内任何地方使用发明创造的专有权利。如果实用新型涉及产品，则专利权人有权禁止他人在未经同意的情况下制造、使用、许诺销售、销售或进口产品。如果实用新型涉及方法，则专利权人有权禁止他人使用该方法或使用、许诺销售、销售或进口由该方法直接获得的产品。

五、总结和建议

葡萄牙的实用新型存在以下特点：

1）葡萄牙的实用新型保护的客体较广，与发明保护的客体相同，涵盖了全部的产品和方法。

2）葡萄牙的实用新型的审查分为初步审查和实质审查。初步审查仅审查形式问题和是否属于被保护的客体，实质审查才审查新颖性、创造性和实用性。仅通过形式审查的实用新型仅能获得临时实用新型权利。临时实用新型不能直接用来主张权利，必须经实质审查授予实用新型专利权之后才能用来维权。

因此，葡萄牙的实用新型虽然申请方式便捷，且审查周期短，使得申请人能够快速获得临时授权，但其用处不大，因为临时授权不能直接用来维权。然而这种临时授权也有一些好处，例如，申请人可以在获得临时授权后，根据经营计划和市场情况，选择是否进行实质审查，从而获得较大的策略灵活性。

第五节 委内瑞拉改进专利

一、概述

委内瑞拉位于南美洲北部，官方语言为西班牙语。委内瑞拉于

1956 年颁布了《工业产权法》,其中涵盖了发明专利、改进专利(improvement)(类似于实用新型)、工业模型或图纸专利(类似于外观设计)以及商标。

委内瑞拉于 1984 年 11 月 23 日加入世界知识产权组织,于 1995 年 9 月 12 日加入《保护工业产权巴黎公约》。委内瑞拉不是 PCT 成员。

委内瑞拉的专利主管部门是经济财政部下属的知识产权自主服务局(SAPI),知识产权自主服务局下设工业产权登记办公室,负责工业产权的受理和审查。

委内瑞拉的知识产权立法落后,在知识产权执法方面仍然不足以应对广泛存在的假冒和盗版行为,知识产权保护持续恶化。据 WIPO 统计,2007—2016 年,对于发明专利,除了 2011 年有 90 件申请(其中 33 件是委内瑞拉国内申请,57 件是向其他国家的申请)以外,其他年份的国内申请量均为 0 件。在此期间,对于实用新型和外观设计,委内瑞拉国内各年申请量全部为 0 件。以上数字可能存在统计的缺失,但也能看出委内瑞拉的专利工作近乎停滞。

下面简要介绍委内瑞拉的改进专利制度。

二、实体性规定

(一) 保护客体

在委内瑞拉,改进专利的保护对象包括任何产品和方法。《工业产权法》第 14 条规定,以下客体可以获得专利权:

1) 可定义且有用的任何新产品。

2) 任何新的工业用途或医学、技术或科学用途的任何新的机器或工具以及仪器或设备。

3) 机器、机构、器具、配件的零件或元件,通过这些零件或元件可以实现产品或结果的更大经济性或完美性。

4) 为工业或商业用途制备材料或物品的新工艺。

5）制备化学产品的新工艺以及精制、提取和分离天然物质的新方法。

6）在已知事物中引入的改良、改进或修改。

7）任何工业用新模型或图纸。

8）适用于工业应用的任何其他发明或发现。

9）在国外已经获得专利权的发明、改进或工业模型或图纸，未在委内瑞拉披露、获得专利或实施的。

委内瑞拉《工业产权法》中还进一步说明，上述条款中所进行的枚举仅仅是说明性的，而不是限制性的。除《工业产权法》规定的例外情况外，一般来说，上述客体均应当是人类独创性的努力结果。

《工业产权法》第15条规定，下述客体是不可申请专利的：

1）人和动物的饮料和食品；所有种类的药品、药用制剂、反应和化学组合。

2）财务性的、投机性的、商业性的、广告性的，或者简单控制或管制的制度、措施或计划。

3）简单使用或利用自然物质或力量，即使它们是最近被发现的。

4）已知或用于特定目的的物品、物体或物质的新用途，以其形状、尺寸或制造材料的简单变化。

5）工作或制造机密。

6）简单的理论或推测性发明，其未能指出和展示其明确的工业实用性和应用。

7）违反国家法律、健康或公共秩序，违反道德或公序良俗以及国家安全的发明。

8）已经获得专利的或者已经进入公有领域的并列要素，除非它们以不能独立运作的方式结合在一起，失去它们特有的功能。

9）在专利申请之前，因以印刷品或其他任意形式出版或传播而在国内已知的发明，以及由于其在国内外实施、销售或广告而处于公有领域的发明。

（二）实体性要求

委内瑞拉的改进专利需满足三个实体性条件：新颖性、创造性和工业实用性。

委内瑞拉的新颖性和创造性均适用绝对新颖性和绝对创造性标准，即基于世界范围的公开和使用公开来评价新颖性和创造性。

（三）保护期

委内瑞拉《工业产权法》第 9 条规定，发明、改进专利、工业模型或图纸专利等，根据申请人的意愿，保护期为 5 年或 10 年。

三、程序性规定

（一）申请途径

《巴黎公约》成员国的外国申请人可以依《巴黎公约》途径，直接在委内瑞拉提出改进专利申请。直接在委内瑞拉提出改进专利申请时，申请人可以要求一项或多项优先权。

《工业产权法》第 11 条规定，已经获得外国专利权的任何人，均可以在国外专利日起 12 个月内优先在委内瑞拉获得专利权。

（二）申请文件

根据《工业产权法》第 59 条规定，申请改进专利时，必须满足以下要求：

1）应当向工业产权登记办公室提交相应的请求及其简单副本，其中申请人应当陈述：

①发明人的姓名、地址和国籍。

②当代理人提出请求时，代理人的姓名和地址。

③申请人改进专利客体的真正发明人或发现者。

④改进专利客体在委内瑞拉没有被使用。

⑤请求保护的专利类型。

2) 请求书附件：

①西班牙文说明书，一式两份。

②专利客体的图和样品，除非发明的性质不允许。

另外，如果是基于《工业产权法》第 10 条规定（详见下文），已经获得专利权的外国专利，想要在委内瑞拉获得专利权，则还需要说明外国专利的数量、日期和来源，以及提供经公证和认证并翻译成西班牙文的来源国专利文件。

(三) 审查

委内瑞拉工业产权登记办公室收到改进专利申请后，将以 10 天为间隔在规定报纸上公布 3 次。《工业产权法》第 62 条规定，专利申请，包括改进专利申请，如果不满足《工业产权法》第 14 条和第 15 条的规定，登记员可以驳回该申请。《工业产权法》第 63 条规定，在公布期间及公布期满 60 天内，任何人均可以异议该申请并且可以反对授予其专利权。反对理由可以是违反《工业产权法》第 14 条和第 15 条规定，即不满足可以授予专利权的客体的要求，也可以是其他理由。工业产权登记办公室将利用工业产权公报中的通知将反对意见通知申请人，在公布后的 15 个工作日视为申请人已经收到该通知。随后，申请人可以在 15 个工作日内援引其认为适当的权利。对于不满足可以授予专利权的客体的要求的反对理由，登记员将根据双方提交的证据解决异议。而对于其他反对理由，登记员将转交给一审民事法院来解决争议，同时暂停行政程序。

如果在《工业产权法》第 63 条所规定的期限内，没有人提出异议，或异议已经得到解决，则该专利将进入授权程序。

另外，《工业产权法》第 10 条规定，在国外已经获得授权的发明专利、改进专利、工业模型或图纸专利，如履行手续和法律的要求，也可以在委内瑞拉获得授权。

(四) 授权后程序

《工业产权法》第 66 条规定，当已授权的改进专利损害第三方权利时，可以向主管法院提出无效请求。但是，无效请求必须在从授权日起 2 年内提出。

(五) 费用

申请改进专利需要缴纳的主要费用包括：登记费 100 玻利瓦尔；书籍或文献查询费 5 玻利瓦尔；年费。不同种类的专利年费并不相同。促进农业、养殖业或健康的发明或改进专利的年费为 50 玻利瓦尔；不包含在上一款中，也不涉及奢侈品的发明或改进专利的年费为 100 玻利瓦尔；涉及奢侈品的发明或改进专利的年费为 200 玻利瓦尔。

(六) 代理

在委内瑞拉没有住所或营业所的申请人，必须委托委内瑞拉的工业产权代理人作为代理人，才能进行各项事务。

四、保护

《工业产权法》第 7 条规定，任何人均可以改进其他人的发明，但是未经发明人允许，不得使用该发明。同样，未经改进的作者允许，发明人也不得使用改进的技术。

《工业产权法》第 98 条规定，没有专利权人的明示或默示许可，为工业和盈利目的，制造、实施、转让或使用专利客体，处以 1~12 个月的监禁。

《工业产权法》第 102 条规定，没有获得专利或未获得许可而假冒专利的，处以 50~1000 玻利瓦尔的罚款。

另外，一些工业产权犯罪行为由委内瑞拉刑法规定并按刑法进行惩罚。

五、总结和建议

委内瑞拉颁布《工业产权法》的时间较早，比较全面地涵盖了发明、改进专利、外观设计和商标等工业产权。但是，自《工业产权法》颁布以来，委内瑞拉长时间未对其进行修订，导致其专利保护相对落后，与世界上的主要知识产权强国存在较大差距。此外，根据WIPO统计，委内瑞拉从2007—2016年，大多数年份没有专利申请。据委内瑞拉当地的业内人士称，委内瑞拉改进专利获得授权的周期大约需要4年以上。考虑到改进专利的保护期从申请日起最多只有10年，这使得专利权人行使权利将会受到较大影响。另外，近年来，委内瑞拉政局不稳，朝野政治对立严重，社会矛盾尖锐，因此，中国申请人应根据实际情况，慎重选择申请委内瑞拉专利。

第六节 西班牙实用新型

一、概述

西班牙于1883年成为《保护工业产权巴黎公约》成员国。1986年，西班牙成为欧盟成员，也成为《欧洲专利公约》（EPC）的成员，并实施了新的《专利法》。1989年，西班牙成为《专利合作条约》的成员。

西班牙知识产权法律体系中的"专利"相当于我国的发明专利，而"实用新型"则相当于我国的实用新型专利。西班牙现行的《专利法》自1986年实施，于2015年修订，修订后的《专利法》于2017年

4月1日起施行。

实用新型保护是对没有达到发明专利程度的新技术方案的保护，权利人拥有实用新型专有实施权或者许可他人实施权。实用新型专利与发明专利相互补充，提供了一种廉价、高效地保护知识产权的形式。

西班牙专利商标局（SPTO）是隶属于西班牙工业、能源和旅游局的公共机构，最早成立于1826年。当时，专利经过简单注册后即可授权。1995年，西班牙专利商标局成为PCT国际检索单位。2003年，西班牙专利商标局成为国际初审单位。目前，西班牙专利商标局有600多名员工，其审查范围覆盖了发明、实用新型、外观设计、商标等领域。

根据WIPO的统计，2007—2016年，西班牙本国居民的实用新型申请量约为每年2500件，占同期发明专利申请量的一半以上。同期，外国人在西班牙的实用新型申请量约为120件，西班牙人向国外的实用新型申请量约为250件。可见，西班牙的实用新型制度对申请人比较有吸引力。

下面简要介绍西班牙的实用新型制度。

二、实体性规定

（一）保护客体

根据西班牙2017年4月1日起施行的《专利法》第137条第1款之规定，涉及产品的构造（configuration）、结构（construction）或化学组成（composition）的任何技术方案均可受实用新型保护。《专利法》第137条第2款规定，生产流程、生物物质和医药合成物仍不能作为实用新型的保护客体。

可见，现行的《专利法》相比之前的版本，放宽了对实用新型保护客体的限制，允许对化学组成进行实用新型的保护，因此，有关于化学组成的发明在创造性较低的情况下，可以考虑通过实用新型进行保护，这将加速化学组成相关专利的授权速度，有利于提高对该领域的保护力度，促进该领域的创新。

此外，对于生物物质和医药合成物，仍然不允许通过实用新型进行保护，这体现了立法者的慎重，毕竟生物物质和医药合成物对社会的影响较大，通过发明专利对其进行保护能够确保授权专利的稳定性，此外能够避免该领域大量实用新型的出现对正常创新活动的干扰。

（二）实体性要求

与发明专利一样，西班牙实用新型授权程序由SPTO实施。西班牙的实用新型需满足三个实体性条件：新颖性、创造性和实用性。

2017年4月1日前提交的实用新型专利的新颖性比发明专利的要求低，是"相对新颖性"，即只要在该实用新型专利申请日或优先权日之前未出现在西班牙以书面、实际使用或其他方式公开而为西班牙公众所知的现有技术中，则认为该实用新型专利申请满足新颖性要求。2017年4月1日后，西班牙实用新型专利的新颖性要求提高至与发明专利相同的程度，要求"绝对新颖"，即在该实用新型专利申请日或优先权日之前未出现在世界范围内以书面、实际使用或其他方式公开而为公众所知的现有技术中，则认为该实用新型专利申请满足新颖性要求。

在评价新颖性时，在申请日或优先权日之前的6个月内出现如下行为，不认为该申请丧失新颖性：

1）他人未经申请人同意而泄露其内容。

2）由申请人或经其授权的人在西班牙主办或者承认的国际展览会（符合《国际展览会公约》要求的）上首次展出。

3）由申请人或其授权的人对该发明创造所做的测试和实验，并提供证据证明该测试和实验不是对该发明创造的商业开发或商品化。

创造性是指，一项实用新型专利申请，如果对于本领域技术人员来说不是"特别明显"地能够从现有技术中推论得出，则认为该实用新型具备创造性。从上面的要求可以看出，实用新型专利的创造性要求低于发明专利的要求。

工业实用性是指，如果一项实用新型可以在包括农业在内的任何产业中被使用，则应当认为它具有工业实用性。

(三) 保护期

西班牙实用新型的保护期限自申请日起计算，保护期为10年。

三、程序性规定

(一) 申请途径

根据西班牙《专利法》，提出国家专利申请的申请人可以是西班牙本国人或单位、在西班牙有经常居所或营业所的外国人或单位、申请人所属国是《保护工业产权巴黎公约》成员国或世界贸易组织成员，或者申请人所属国与西班牙具有相关的互惠条约。

符合上述条件的申请人可以直接在西班牙提出实用新型申请。直接在西班牙提出实用新型申请时，申请人可以要求一项或多项优先权。

申请人也可以先提出PCT专利申请，自最早的优先权日起30个月内进入西班牙国家阶段，请求获得实用新型保护。

根据《巴黎公约》，实用新型可以享受本国或外国优先权。优先权的基础可以是实用新型，也可以是发明专利。自发明专利或实用新型首次在西班牙或其他国家提出申请之日起12个月内，申请人就同一发明申请实用新型的，可以享有优先权。

此外，在西班牙，自优先权日起超过12个月提起优先权申请的，优先权丧失。但是，自优先权日起最迟16个月内，可以申请恢复优先权权利。

(二) 申请文件

申请人可通过SPTO的受理处，全国各地的受理局、邮局，在国外的领事馆及电子申请等方式提交专利申请，其中，在以电子申请方式进行提交时，如果通过电子方式进行预付费，则能够享受 15% 的官费折扣。

申请实用新型时，应当提交以下文件：

1）申请表，其中列明申请人的信息和联系方式。

2）对实用新型发明创造的描述，即说明书。

3）一项或多项权利要求，即权利要求书。

4）申请费用缴纳凭证。

与发明专利申请不同的是，实用新型专利申请可以不提交说明书摘要。

为了尽快获得申请日，SPTO 允许申请人递交最低申请文件。该最低申请文件要求除申请人信息外再提交以下任一材料：

1）初步看来是关于发明创造的描述性文章（无须包含权利要求或附图等信息），可用任何语言文字撰写。

2）引用一个已经提交的在先申请案，该引用的在先申请案要求以西班牙语提出。

SPTO 收到上述申请材料后，在 10 日内对受理材料是否符合获得申请日的要求进行审查。审查认为不存在缺陷的，该申请案的申请日确定为提交申请材料之日。审查认为存在缺陷的，向申请人发出补正通知。

此外，申请人在缴纳申请费时，需要一并缴纳第一年和第二年的年费。

（三）审查

在确定了申请日之后，SPTO 会对实用新型进行如下的审查流程：

1）进行技术与形式审查。

在技术与形式审查阶段，SPTO 将会审查：申请表、说明书、权利要求、摘要、说明书附图及一些实质性要求。在该阶段，审查员不进行检索，不审查权利要求的新颖性、创造性、实用性，以及说明书是否充分公开等内容。一般来说，该阶段审查的内容可以包括如下项目：

①对申请表的审查。申请表分为必选内容和可选内容，其中，必选内容包括：专利申请声明、申请人信息、发明名称、发明人信息、专利申请表的文件列表、签名等，其中，发明名称应当尽可能清楚、简明地体现发明内容，必须与权利要求相适应；可选内容包括：代理人信息、分案信息、附加发明专利信息、优先权信息、官方展出信息、延期支付费用请求信息、微生物尚未公开信息等，其中，如果要求优先权，应提供在先申请的日期和状态信息，并在后续过程中提交在先申请的副本并翻译成西班牙语，如果曾经参加过官方展出，则还应提交包括日期和地点在内的展出声明，并在提出专利申请的4个月之内提供展出证明。

②对说明书的审查。审查说明书是否包括以下组成部分：发明名称、技术领域、背景技术、发明内容、附图说明、具体实施方式、工业应用性说明等。

③对权利要求的审查。权利要求是否用阿拉伯数字顺序编号，权利要求是否包括前序部分和特征部分；权利要求是否清楚，引用关系是否正确；权利要求的主题是否是方法、产品、设备或应用等。

④对说明书附图的审查。是否使用制图工具画线，线条是否均匀、清晰，所有的数字、字母和参考是否简洁、清楚，附图是否垂直排列并用阿拉伯数字顺序编号。

⑤对某些实质性要求的审查。本申请是否涉及被排除的主题（例如科学发现、数学方法、人类克隆、动物品种等），是否符合实用新型的保护客体等。

在技术与形式审查阶段，如果发现缺陷，SPTO将通知申请人进行修改，申请人的答复期限为2个月，申请人可以提交答复意见，针对缺陷进行修改，还可以修改权利要求和提出分案申请。

2）技术与形式审查阶段通过后，该实用新型申请文件将公布在《工业产权公报》上。《工业产权公报》上公布的内容包括实用新型的权利要求书和附图。同时将该申请文件的全文出版成册，包括申请文件封面（申请日等信息）、说明书、权利要求书和附图。

3）异议阶段。

自实用新型专利申请公布之日起 2 个月内，任何人认为该申请不符合授权要求的，可以向 SPTO 提交书面异议。提出异议申请的理由可以包括：申请所涉发明创造缺乏新颖性、创造性，发明公开不充分，以及发明不属于实用新型专利可授权客体。对申请人资格有异议的，应当提交法院审理。

如果该公布的实用新型专利申请受到了异议，SPTO 将对该实用新型申请进行审查，申请人也可以对申请文件进行修改。

4）公布审查结论。

SPTO 根据提出异议的情况和申请人的修改情况等进行综合审查，得出授予实用新型专利权或驳回申请的审查结论，并在异议期结束后公布该审查结论。

一般而言，如果申请过程中没有人提出异议，也不存在中止流程的情形，自申请日起 12 个月内（通常为 8 个月左右），申请人可获得实用新型专利授权。在申请过程中，如果存在第三人异议或其他导致申请流程中止的情形，自申请日起 20 个月内，申请人可以收到实用新型专利申请是否被授权的决定。

5）类型转换。

西班牙《专利法》允许申请人将相同主题的专利转换成另一种工业产权进行保护，即允许将发明专利转换为实用新型专利，或将实用新型专利转换为发明专利。在实际应用中，通常是将发明专利转化成实用新型专利。

在发明专利的审查程序中，申请人可以在针对 SPTO 发出的检索报告提交答复时申请类型转换，此外，申请人也可以在答复第一次审查意见通知书时申请类型转换。以上转换均为申请人主动提出转换，此外，在技术与形式审查阶段，如果审查员认为以实用新型进行保护是更好的选择，可以建议对申请进行类型转换，申请人可考虑该建议并提出类型转换，新的实用新型的申请日与原专利申请的申请日相同。

这一制度安排无疑增加了申请的灵活性，便于申请人进行选择。

(四) 授权后程序

西班牙实用新型专利权在其有效期内，可因以下原因被法院判决无效：

1) 发明缺乏新颖性。
2) 发明不属于可以被授予专利的范围。
3) 专利文件公开不充分。
4) 授权专利的内容超出原申请的权利要求范围。
5) 授权的分案申请专利超出原申请案的权利要求范围。
6) 专利权人存在资格瑕疵。

任何第三人或公共机构可以根据上述第1项到第5项的原因，提出专利无效诉讼。但基于专利权人资格瑕疵而提出的无效诉讼，只能由真正的专利权人提出。

已经授权的专利权，有下列情形之一的，权利终止：

1) 没有按照规定按时足额缴纳年费的。
2) 专利权人无正当理由不实施专利超过法定期限的。
3) 专利权人以书面形式声明放弃专利权的。

(五) 费用

西班牙实用新型的官方申请费为72欧元，官方注册费为25.43欧元。

(六) 代理

在西班牙没有住所或营业所的申请人，必须委托西班牙的专利代理人或律师作为代理人，才能在SPTO或西班牙的法院进行各项事务。

四、保护

根据目前施行的西班牙《专利法》，如果实用新型专利权的权利人要主张专有权，必须提供由 SPTO 提供的针对该实用新型专利权的在先技术检索报告。实用新型登记后，只有权利人有权实施该实用新型的主题。未经权利人的同意，任何人均不得制造、提供、销售、使用或者为上述目的而进口、储存属于该实用新型主题的产品。

实用新型专利权人的权利与发明专利的专利权人的权利相同，并且侵权救济也相同。西班牙《专利法》还特别规定：

1）权利人在侵权行为发生前，可申请禁令避免损失实际发生。

2）侵权赔偿额的计算时间可以推迟至侵权行为审判确定之后。

3）为了确定赔偿数额，在查看侵权人的文件时，应保证其正当的商业秘密权利不受侵害，并避免出现不正当竞争情形。

4）允许为解决诉讼争议中的技术问题而向专利局申请出具专家报告。

5）鼓励采取非诉讼争议解决机制，加强专利局的仲裁作用。

五、总结和建议

概括而言，西班牙的实用新型制度与中国的实用新型制度有诸多不同。所以，我国申请人希望在西班牙获得和运用实用新型时需要注意：

1）充分重视授权前公开和异议程序。

在西班牙，实用新型先被公告，后被授权或驳回，因此，如果被驳回，该实用新型的发明创造相当于无偿贡献给公众。因此，在西班牙申请实用新型更应当慎重，在提出申请前，应预先进行充分的检索和评估，周密而细致地准备申请文件，尽量减少各种缺陷，确保获得稳定的权利。

2）灵活应用发明与实用新型转换的制度。

西班牙《专利法》允许发明在审查程序中转换为实用新型，因此，申请人在申请发明时，应当灵活运用该制度，当发现对比文件对本申请的影响较大时，要充分利用制度，及时地转变策略，转换申请类型，确保发明创造得到最合理的保护。

第七节　意大利实用新型

一、概述

最早的专利制度出现在意大利的威尼斯，最早的成文法就是 15 世纪下半叶颁布的《发明保护法》。

意大利是欧盟的创始国之一，意大利政府于 2005 年 2 月颁布了《工业产权法典（专利部分）》，另外，意大利专利法律体系还囊括许多国际条约，如 1883 年签订的《保护工业产权巴黎公约》，1973 年签订的《欧洲专利公约》，1985 年签订的《专利合作条约》以及 1995 年签订的《与贸易有关的知识产权协定》等。意大利一直处于欧洲知识产权发展的前沿，意大利作为专利法的起源地，在知识产权的实际实施中颇具创新且处于世界领先地位。

根据《工业产权法典（专利部分）》第 2 条的规定，工业产权是通过授予专利、登记或其他法典规定的其他手续取得的。工业产权的所有权由授予专利和登记产生。根据该法典第 2 条第 2 款的规定，专利保护的客体包括发明、实用新型和植物新品种。

意大利专利商标局（UIBM）隶属于经济发展部，肩负打击侵权假冒及保护知识产权两项主要职责。UIBM 在保护知识产权方面的主要工作包括：授予专利权、商标权及外观设计权，提供相关的申请和管理服务；为获取及利用知识产权提供一揽子财政救济措施；提高意大利企业、大学及研究机构的知识产权保护意识；参与欧盟和国际上旨在促进和推广知识产权应用的项目和举措。

最近几年，意大利的实用新型的申请量保持在每年2000多件，例如，2016年的实用新型申请量为2603件。

下面简要介绍意大利的实用新型制度。

二、实体性规定

（一）保护客体

在意大利，实用新型的保护对象包括以下的新模型，这些新模型能够为通常的机器或其零部件、器械、工具或功能性物品的操作或使用提供独特的效率或便利，例如，这类新模型可以是由零部件的特定构造、布局、结构或组合所构成的新模型。但是，涉及方法的发明不是实用新型保护的客体。

另外，实用新型的保护不适用于：数学或科学发现或理论；思想活动、游戏或经营的计划、原则或方法；计算机软件；信息展示；动植物品种；治疗或手术的方法；人体或其组成部分以及基因序列；有损于人类尊严，使用人体干细胞或胚胎细胞的方法。

（二）实体性要求

意大利的实用新型需满足三个实体性条件：新颖性、创造性和工业实用性。

新颖性的含义是，如果实用新型的主题不属于现有技术，则认为它是具有新颖性的。此处的现有技术包括在申请日以前在世界范围内公开发表或公开使用的技术。可见，意大利实用新型采用的是绝对新颖性标准。

创造性是指，如果相对于上述现有技术，本发明对于本领域技术人员来说不是显而易见的，则该实用新型具备创造性。但是，实用新型对于创造性的要求相对于发明专利而言较低。

工业实用性是指，如果一项实用新型的主题可以在包括农业在内的任何产业中制造或使用，则应当认为它具有工业实用性。

（三）保护期

意大利实用新型的保护期限为自申请日（优先权日）起10年。

三、程序性规定

（一）申请途径

《巴黎公约》成员国的外国申请人可以依《巴黎公约》途径，直接在意大利提出实用新型申请。直接在意大利提出实用新型申请时，申请人可以要求一项或多项优先权。

虽然意大利是PCT成员，但PCT体系对意大利的指定和选定均为欧洲专利局，而欧洲专利体系没有实用新型，所以，申请人不能通过PCT途径在意大利获得实用新型保护。

在欧洲专利局提出的PCT（EuroPCT）或者向欧洲专利局提出的专利申请，在被拒绝、撤回或视为撤回的情况下，能够变换为向意大利提出的实用新型专利申请。

根据《巴黎公约》，实用新型可以享受本国或外国优先权。优先权的基础可以是实用新型，也可以是发明专利。自发明专利或实用新型首次在意大利或其他国家提出申请之日起12个月内，申请人就同一发明申请实用新型的，可以享有优先权。

（二）申请文件

申请实用新型时，应当提交UIBM规定的请求表，请求表中应按规定填写申请人姓名或名称、实用新型名称、希望获得实用新型注册的声明、代理人信息等。

实用新型的申请文件包括权利要求书、说明书和必要时的附图。权利要求书中可以包括一项或多项权利要求。在包括多项独立权利要求的情况下，这些独立权利要求之间应当具备单一性。说明书应当写明该实用新型的技术领域，对于理解该实用新型有用的背景技术、技术问题、技术手段、技术效果以及至少一个实施方式。附图可以有多张，可以有附图标记，但不应有多余的文字。

除请求书外，申请时可以采用任何语言，但应当在申请日起2个月内补交意大利语的译文。优先权文件、在先申请文件一般无须提交译文，不属于申请文件组成部分的内容（如参考文件、证明文件等）以及采用英语、法语和西班牙语的申请文件一般也无须提交译文，但在审查员要求提交译文时，申请人应当提交译文。

除了提供意大利语的全部文本外，如果没有要求优先权，需要提交权利要求书的英文译文。

另外，一次申请只能针对一项发明或实用新型，同时申请多项专利的，可将其他项发明或实用新型另行提交申请，好处是可以享有最早申请的申请日为优先权日。申请人可以将一项发明同时申请发明专利和实用新型专利，由UIBM确定最终授予哪种专利。发明专利申请和实用新型专利申请可以相互转换。申请可以提交至意大利任何一个商会（转交）或直接寄至UIBM。

UIBM既接受纸件形式的实用新型申请，也接受电子形式的实用新型申请。

(三) 审查

UIBM对实用新型的审查范围包括形式上是否满足实用新型的要求。同时还要审查要求保护的客体是否属于实用新型保护的客体，以及是否属于被实用新型排除的客体。

但是，需要注意的是，根据意大利专利程序，欧洲专利局目前为所有未要求优先权的意大利国家专利申请（包括实用新型专利申请）提供检索报告和意见。欧洲专利局发布的检索报告随后由 UIBM 转发给申请人，且不收取费用。

在收到检索报告和意见后，UIBM 将发出标准审查报告，要求申请人解决检索报告和意见中提出的所有实质性意见。如果申请人未能回复该标准审查报告，则该申请将被拒绝。

（四）授权后程序

实用新型在获得授权之后，可以由专利权人或第三人直接向 UIBM 提起专利无效请求。在专利侵权诉讼中，被告一般都会使用专利无效宣告作为抗辩手段。

另外，意大利法律规定，专利必须在授权之日起 3 年内实施，而且实施推迟不得超过连续 3 年。至少一项实施行为必须在意大利境内发生。否则，UIBM 可能发布强制许可，甚至撤销专利授权。

（五）费用

申请实用新型需缴纳申请费。直接申请时，意大利实用新型的官方申请费为 50 欧元（电子申请）或 120 欧元（纸件申请）。欧洲专利局做出的检索报告是免费的。

可以通过缴纳维持费来维持实用新型的有效性，自申请日起 5 年内是每年 60 欧元，第 6 年是 90 欧元，第 7 年是 120 欧元，第 8 年是 170 欧元，第 9 年是 200 欧元，第 10 年是 230 欧元。

意大利专利代理人或律师代理实用新型申请的基础服务费为 500~2500 欧元，中文翻译为意大利文的翻译费约为 35 欧元/页。根据案件情况的不同，会产生例如补交译文、请求检索、缴纳维持费等方面的费用。按时间计费时，意大利专利律师的服务费为 250~300 欧元/小时。

以上费用均为 2018 年的费用水平，供申请人参考。

（六）代理

在意大利没有住所或营业所的申请人，必须委托意大利的专利代理人或律师作为代理人，才能在 UIBM 或意大利的法院进行各项事务。

四、保护

实用新型登记后，只有权利人有权实施该实用新型的主题。未经权利人的同意，任何人均不得制造、提供、销售、使用或者为上述目的而进口、储存属于该实用新型主题的产品。

对于专利侵权，当事人可以提起民事诉讼解决。意大利还规定有专利犯罪，大部分犯罪都由检察官提起公诉。意大利海关也会对侵犯专利产品的进口采取执法措施。

五、总结和建议

综上所述，意大利的实用新型专利具有以下特点：

1）对于意大利的实用新型，欧专局会提供检索报告和意见，基于该意见，UIBM 会发出标准审查报告。也就是说，意大利的实用新型需要经过检索，其对于技术的要求较高。

2）意大利的实用新型由于需要经过 EPO 的检索，并对 UIBM 基于 EPO 的检索报告而发出的标准审查报告进行答复，审查周期较长，一般需要 2~3 年才能获得授权。

3）意大利的实用新型必须在授权之日起 3 年内实施，且至少一项实施行为必须在意大利境内发生。否则，UIBM 可能发布强制许可，甚至撤销专利授权。

针对意大利实用新型的上述特点，提出如下建议：

1）由于意大利实用新型获得授权的周期较长且获得授权的难度较大，申请人应充分预估技术的含金量、发展趋势、发展周期和商业价值，在恰当的时期提前进行专利布局。

2）由于意大利要求在专利获得授权后的 3 年内实施，如果不实施则可能丧失权利。因此，申请人应充分规划专利授权后的实施方案，使其市场化。

第八节 埃及实用新型

一、概述

埃及于 2002 年颁布了知识产权保护法，即知识产权保护 82 号法（Law No. 82 of 2002 on the Protection of Intellectual Property Rights），这是埃及主要的知识产权法，其涵盖范围如下：

1) 专利、实用新型、集成电路布图设计以及未披露信息。
2) 商标、商品名称、地理标志与工业品外观设计。
3) 版权与邻接权。
4) 植物新品种。

2003 年颁布的部长委员会第 1366 号办法，即《知识产权法工业产权保护实施细则》，主要规定了专利、实用新型、集成电路布图设计、商业秘密、商标、商号、地理标志、外观设计、植物新品种等除著作权和邻接权之外的其他知识产权的执行和细化内容。

埃及于 1975 年加入 WIPO，其目前加入的 WIPO 管理的主要条约有《专利合作条约》（2003 年）、《工业品外观设计国际注册海牙协定》（1952 年）、《保护工业产权巴黎公约》（1951 年）等。

在积极参与知识产权保护国际性公约的同时，埃及也积极地进行知识产权区域和双边的交流与合作，签订了较多的与知识产权相关的区域和双边条约。这些区域条约主要包括《非洲联盟组织法》（2001 年）、《东部和南部非洲共同市场条约》（1999 年）、《建立非洲经济共同体阿布贾条约》（1994 年）、《发展中国家间全球贸易优惠制度》（1989 年）、《发展中国家间贸易协商协议》（1973 年）等。在双边合作方面，埃及与欧盟、土耳其缔结有自由贸易条约，埃及与加拿大、美国、阿尔巴尼亚、阿根廷、日本等国均缔结有投资保护和互惠协定。

埃及专利局（EGYPO）是埃及知识产权主要行政管理部门，隶属于埃及科学部下属的科学技术院。其职责包括依法受理和审查本国和外国申请人提出的发明、实用新型、外观设计等专利申请；对符合法律规定的专利予以授权并对其进行保护；建立专利信息数据库；进行专利信息传播；每月出版官方专利公报，公布专利申请及专利的法律状态等。

埃及知识产权法律体系中的"patent"相当于我国的发明专利，"utility model"相当于我国的实用新型专利。

下面简要介绍埃及的实用新型制度。

二、实体性规定

（一）保护客体

在埃及，实用新型的保护客体是在现有产品或方法等基础上所做出的新的技术性的添附（第 29 条）。可见，埃及实用新型保护的客体是产品和方法。

以下客体不能获得实用新型的保护：

1）发明的实施有害于公序良俗，或不利于环境、人、动物或植物的生命健康。

2）发现、科学理论、数学方法、程序和计划。

3）人和动物的诊断、治疗和外科手术方法。

4）动物和植物品种，以及生产动植物的基本上是生物学的方法，但微生物、生产动植物的非生物和微生物方法除外。

5）器官、组织、肝细胞、天然生物质、核酸和基因组。

实用新型申请和专利申请可以相互转换。在发生转换的情况下，申请日以原始申请日为准。满足相关条件的，专利局可以自发将实用新型申请转换为专利申请。

（二）实体性要求

埃及的实用新型需满足新颖性和实用性的要求，但不要求具备创造性。

实用新型采用的是绝对新颖性标准，即如果在申请日前，在埃及国内或国外，请求保护的实用新型已经被公布或公开使用，使得本领域的技术人员能够实现该技术方案，则该实用新型不具备新颖性。

如果在申请日前6个月内，实用新型曾在埃及国内或国际展览会上展出，则该展出不会导致该实用新型申请丧失新颖性。

实用性是指该实用新型能够制造并在产业上使用。

（三）保护期

埃及实用新型的保护期限为自申请日起7年，且该期限不可延长。

三、程序性规定

（一）申请途径

在专利申请者的资格方面，埃及法律规定得较为广泛。只要不违反在埃及生效的国际公约，任何自然人或法人，无论是埃及人还是外国人，其国籍、永久居住地或主要活动地在世贸组织成员方还是在与埃及实行互惠原则的国家或地区，都有权向埃及专利局提出专利申请。

通常，《巴黎公约》成员国的外国申请人可以依《巴黎公约》途径，直接在埃及提出实用新型申请。

申请人也可以先提出PCT专利申请，自最早的优先权日起30个月内进入埃及国家阶段，请求获得实用新型保护。

提出实用新型申请时，申请人可以要求一项或多项优先权。

根据《巴黎公约》，实用新型可以享受本国或外国优先权。优先权的基础既可以是实用新型，也可以是发明专利。自发明专利或实用新型首次在埃及或其他国家提出申请之日起 12 个月内，申请人就同一发明申请实用新型的，可以享有优先权。

(二) 申请文件

申请实用新型时，应当提交 EGYPO 规定的请求表，请求表中应按规定填写申请人姓名或名称、实用新型名称、代理人信息以及其他事项等。

实用新型的申请文件包括：

1）用阿拉伯文撰写的实用新型的详细说明书，说明书的撰写应当清楚，其中应使用正确的技术术语，包括对现有技术及其缺点的陈述，写明实用新型的新要素以及发明人所知的最佳实施方式，以使本领域技术人员能够实施。

申请人必须在请求表中提供相同或相关的实用新型在其他国家申请的详细数据和信息，包括其审查经历以及最终结果。

2）用阿拉伯文和英文描述本实用新型的摘要。

3）当实用新型涉及植物或生物材料、传统医学、农业、工业或手工艺知识或文化、环境遗产时，应附有证明发明人以合法方式获取这些材料的文件。

4）当实用新型涉及微生物时，申请人应当根据国际学术规定公开这些有机物，包括识别这些微生物的身份的必要信息、这些微生物的特性和用途以及保藏信息。

5）当申请人是法人时，需提交工商注册机关出具的摘录、经认证的公司章程的副本或决定。

6）能够确定申请人资质的文件。

7）必要时，应提交权利转让的证明文件。

8）如有实用新型的临时保护证书，应当提交。

9）申请费的缴费收据。

上述第 3~7 项的文件可以在申请日起的 4 个月内补交，上述第 1 项文件的阿拉伯语译文可以在申请日起的 6 个月内补交。

（三）审查

EGYPO 对实用新型的审查范围包括初步审查和实质审查。在初步审查阶段，主要审查形式上是否满足要求以及申请文件是否有明显的缺陷，并不进行现有技术的检索。同时，还要审查要求保护的客体是否属于实用新型保护的客体。在实质审查中，通过检索现有技术来审查实用新型是否具有新颖性。

对于满足法定条件的专利申请，EGYPO 将在接受该申请的决定发出的 90 日内，在专利公报上公开接受申请的消息及有关著录项目。第三人在缴纳规定费用（100 镑埃及币，约 6 美元）后，可以查阅和复制请求书、说明书、附图和有关样品等申请材料。任何相关方可以自在专利公报上公开接受申请之日起 60 天内，根据实施条例规定的程序向专利局提交反对授予专利的书面通知，并陈述理由。

提出异议需要支付相应的费用，在 100 镑埃及币（约 6 美元）以上 1000 镑埃及币（约 60 美元）以下，反对异议被接受，会返还费用。

实用新型专利权的授予自提出申请之日起 1 年后公布，在此期间对申请保密。专利事务主管部长或其授权的官员做出的授予专利的决定应当依法在专利公报上公开发布。

在埃及，从提交实用新型申请之日起，平均在 2 年内获得授权。如果其同族申请在外国已经获得授权，则平均在 1 年内获得授权。

（四）授权后程序

埃及的知识产权法及其实施细则中均没有对如何挑战已经授权的专利做出规定。

（五）费用

申请实用新型需缴纳申请费约 6 美元，审查费约 1000 美元。

从第二年开始，即便是在专利权授予之前，申请人每年都要缴纳累进年费直至保护期届满为止。实用新型的年费从 3 美元到 20 美元不等。

此外，埃及的实用新型代理费大致为（供参考）：申请代理费 270 美元；审查代理费 100 美元；补交文件代理费 20 美元；制图费（每张）5 美元；等等。

(六) 代理

在埃及没有住所或营业所的申请人，必须委托埃及的专利代理人或律师作为代理人，才能在 EGYPO 或埃及的法院办理各项事务。

四、保护

实用新型授权后，权利人有权阻止未经许可的他人以任何形式实施该实用新型。

权利人在任何国家或地区售出其实用新型产品或授权第三方售出其实用新型产品时，权利人将无权阻止第三方进口、使用、销售或分销该产品。

任何一方有以下行为时，将被处以不低于 20 000 镑埃及币（约 1200 美元）且不高于 100 000 镑埃及币（约 6000 美元）的处罚：

1）出于商业目的而仿造已获得专利的实用新型的主题。

2）明知是埃及有效实用新型专利的仿制品而销售、许诺销售、进口或为了交易而持有该产品。

3）在产品、广告、商标、包装或其他物品上非法进行标记，使他人误以为其拥有实用新型专利。

屡犯者将被处以不超过 2 年的监禁，并处以不少于 40 000 镑埃及币（约 2400 美元）且不超过 200 000 镑埃及币（约 12 000 美元）的罚金。

五、总结和建议

概括而言，埃及实用新型的保护主题不限于产品，还包括方法，而且其授权的实质性条件较松，只有新颖性和实用性的要求，没有创造性的要求，因而埃及实用新型获权较为容易，且不会因创造性问题而被宣告无效。实用新型的权利人在实用新型授权之后即可以对侵权人提出警告或者提起诉讼，无须提供专利管理机关出具的评估报告，因而行使权利较为便捷。

第九节　白俄罗斯实用新型

一、概述

白俄罗斯于1993年2月5日通过首部保护工业产权对象（发明、工业品外观设计和商标）的法律。现行的白俄罗斯《发明、实用新型和工业品外观设计专利法》（以下简称《专利法》）于2002年11月14日由众议院通过，2002年12月2日被议会批准，并于2002年12月16日实施，该法最新于2018年7月7日修订。白俄罗斯《专利法》对发明、实用新型和工业品外观设计进行专利保护，其中规定了与发明、实用新型和工业品外观设计的创造、法律保护和运用相关的财产关系和个人非财产关系。

白俄罗斯于2011年2月2日分别颁布了关于发明、实用新型和外观设计的三种实施细则，并于2015年4月28日对上述三种实施细则进行了修改。

白俄罗斯加入了诸多与知识产权保护有关的国际条约，其中包括《保护工业产权巴黎公约》（1991年12月25日加入）和《专利合作条约》（1991年12月25日加入）。

白俄罗斯的知识产权行政主管部门是国家知识产权中心（NCIP）。NCIP隶属于白俄罗斯国家科学和技术委员会，承担白俄罗斯专利局的职能，直接负责知识产权的行政管理事务，依法对知识产权进行受理、审查和保护。

根据世界知识产权组织的统计，2007—2016 年，白俄罗斯的实用新型申请量呈下降趋势，从 2007 年的 888 件下降到 2016 年的 353 件（本国人的申请量），而同期发明专利的申请量从 1513 件下降到 573 件（本国人的申请量）。可见，白俄罗斯的专利申请活动并不活跃。

下面简要介绍白俄罗斯的实用新型制度。

二、实体性规定

（一）保护客体

在白俄罗斯，专利法所规定的实用新型保护的客体是具有限定的形状和结构的产品（装置）。此处，"产品"是指作为人类工作结果的事物。同时，实用新型的保护客体不包括：发现以及科学理论或数学方法；只涉及产品外观且旨在满足审美需求的方案；用于进行智力活动、玩游戏或进行商业活动的规划、规则和方法，以及用于电子数据处理设备的算法和程序；纯粹的信息演示；植物和动物品种；集成电路拓扑；违反公共利益、人性和道德原则的解决方案；等等。

（二）实体性要求

在白俄罗斯，实用新型需满足两个实体性条件：新颖性和工业实用性。

新颖性是指如果实用新型的实质性特征总和不能从现有技术水平中获知，则该实用新型具有新颖性。现有技术包括关于与要求保护的实用新型相同目的的装置的任何信息，该装置在本实用新型优先权日之前已公开，并且还有关于其在白俄罗斯公开使用的信息。当建立实用新型的新颖性时，现有技术还包括所有申请，只要它们在白俄罗斯有较早的优先权日期提交，并且没有撤回，由其他人获得发明专利和实用新型，以及在白俄罗斯获得专利的发明和实用新型。

涉及实用新型的信息如果被发明人、申请人或者其他任何可以直接或间接得到这一信息的人泄露，则有关实用新型的实质内容成为公知。如果该实用新型申请自信息泄露之日起不迟于 12 个月向白俄罗斯专利机构提交，则这种情况将不妨碍实用新型专利性的认定。在这种情况下，由实用新型的申请人负责证明事实。

工业实用性是指实用新型如果可以在工业、农业、医疗保健以及其他活动领域被应用，则该实用新型具有工业应用性（实用性）。

(三) 保护期

白俄罗斯的实用新型的保护期限自申请日起计算，有效期为 5 年。应专利权人的请求，该保护期最多可延长至 10 年。

三、程序性规定

(一) 申请途径

《巴黎公约》成员国的外国申请人可以依《巴黎公约》途径，直接在白俄罗斯提出实用新型申请。

申请人也可以先提出 PCT 专利申请，进入白俄罗斯国家阶段，请求获得实用新型保护。

根据《巴黎公约》，实用新型可以享受本国或外国优先权。优先权的基础既可以是实用新型，也可以是发明专利。自发明专利或实用新型首次在白俄罗斯或其他国家提出申请之日起 12 个月内，申请人就同一发明申请实用新型的，可以享有优先权。

如果在审查过程中发现相同的发明、实用新型和工业品外观设计具有相同的优先权日，专利机关将根据申请人之间的协议来给其中的某个申请授予专利。各申请人应在收到专利机关的相关通知后的 2 个月内，向专利机关提交有关协议。如果各申请人达不成协议，则专利机关将发出驳回各专利申请的决定。

授予专利权时，相同发明、实用新型和工业品外观设计的所有发明人或设计人均被标示为共同发明人或设计人。

根据规定，在发明申请的信息公布前，但不迟于收到发明专利授权决定的日期之前，申请人有权提交申请，要求将其发明申请转换为实用新型申请。在做出授予专利权的决定前，申请人可以将实用新型申请转换为发明申请；如果已经做出拒绝授予专利权的决定，则可以在对此决定不服提出上诉的时限到期之前申请转换。发明或实用新型申请转换时，保留发明或实用新型的优先权及申请日。

将实用新型申请转变为发明申请后，如果对实用新型申请要求优先权的话，申请人必须在提出变更请求之日起3个月内提交第一份《巴黎公约》缔约国实用新型申请。

（二）申请文件

申请实用新型时，应当提交申请文件。申请文件包括：

1) 请求书。请求书中应按规定填写实用新型发明人、申请人及其居住地或所在地等。

2) 实用新型说明书。说明书中的技术方案需要充分公开到足以实施的程度。

3) 实用新型权利要求书。该权利要求书需阐述实用新型实质并且完全以实用新型的说明书为依据。

4) 附图（如果对于理解实用新型实质是必需的）。

5) 摘要。

6) 缴费证明、费用减免证明或者阐明延期缴费理由的文件。

实用新型的提交日期为全部规定文件的实用新型申请到达专利机构的日期，或者最后的文件（如果上述文件未同时提交）的到达日期。

实用新型申请必须满足单一性要求，即实用新型应当涉及一个实用新型或者与其相互关联的一组实用新型，具有单一的总体发明构思。

申请人有权在提交实用新型申请之日起2个月内，对其材料进行修正和澄清，但不得改变所要求的实用新型的实质。

如果附加材料包含需包括在实用新型的权利要求中的特征，但在实用新型的首次说明书（和权利要求书）中不具有该特征，则认为附加材料改变了要求保护的实用新型的本质。

递交实用新型申请时，请求书和申请文件需要以俄文提交。

(三) 审查

对实用新型的审查主要是初步审查，即对申请文件的形式缺陷以及说明书的一些明显实质缺陷进行审查，但不对现有技术进行检索。同时，还要审查要求保护的客体是否属于实用新型保护的客体，以及是否属于被实用新型法排除的客体。

在做出授予或拒绝授予专利权的决定前，申请人有权对申请文件进行修改，包括提交补充材料，前提是这些修改没有改变该实用新型申请的实质内容。对改变了实用新型申请的实质内容的补充材料，将不予审查，申请人可将其作为独立申请提出。

如果实用新型申请的审查结果确认提交的申请属于可作为实用新型保护的技术解决方案，且申请文件符合规定要求，则做出授予专利权的决定。

如果审查结果确认，提交的实用新型申请不属于可作为实用新型予以保护的解决方案，则做出拒绝授予专利权的决定。

根据授予实用新型专利权的决定，并按规定缴纳预定金额，专利机构将该实用新型注册在国家实用新型登记册中。与实用新型注册有关的数据，以及这些数据的变化，都被输入国家登记册中。

从实用新型的申请日起，注册程序平均在6个月内完成。

在实用新型申请被注册之前，申请人有权撤回该实用新型申请。

在实用新型专利公布之日起5日内向专利权人授予专利权。

当有多个人有权获得专利时，他们被授予一项专利，并指明所有专利权人。

当同一申请人的相同发明和实用新型的优先权日期相同时，如果已对其中一项申请授予专利权，则申请人只有向专利机关请求终止该较早授权的专利的效力，才能对另一项相同的发明或实用新型授予专利权。自公布在后授权的相同发明或实用新型的授权数据之日起，在前授权的专利权的效力终止。在后授权的相同发明或者实用新型专利申请的授权数据和在先授权的相同发明或者实用新型的专利权效力终止的数据将被一次性公布。

（四）授权后程序

在以下情况下，实用新型在其整个有效期内有可能被全部或部分认定无效：

1) 受保护的实用新型不符合专利法规定的可专利性条件。

2) 实用新型的权利要求中的某些特征在最初的说明书（或权利要求书）中不存在。

3) 实用新型的发明人（共同发明人）或专利权人是非法指定的。

专利机关将在专利公报上公布实用新型专利被无效的信息。

任何自然人或法人都可以以上述第1项和第2项的理由向申诉委员会提出无效请求。申诉委员会在收到无效请求之日起6个月内必须考虑该无效请求。提交异议的人以及专利权人均有权参加无效审理。

如果无效请求人和专利权人对于申诉委员会的无效决定不服，在收到该无效审查决定起6个月内，任何一方均可以上诉至法院。

以上述第3项理由提出无效请求的，由法院进行审理。

在实用新型专利被全部或部分认定无效后，被视为自申请日无效。

（五）费用

申请实用新型需缴纳申请费。实用新型的官方申请费为140美元，官方注册费为140美元。

相对应地，白俄罗斯专利代理人或律师代理实用新型申请的基础服务费约为 180 美元，其对应的工作包括申请的递交以及之前的必要准备工作。此外，白俄罗斯专利代理人或律师接收关于授权决定的费用是 120 美元，快递费用是 30 美元。

以上费用均为 2018 年的费用水平，供申请人参考。

(六) 代理

外国人应通过专利代理机构进行有关实用新型的申请提交等事务。

四、保护

未经专利权人授权，不得使用实用新型的权利。任何希望使用实用新型的自然人或法人有义务与专利权人签订使用实用新型的合同（即许可合同）。

如果他人制造的产品中采用了实用新型的独立权利要求中的全部技术特征或者等同特征，则该产品被认为是采用该实用新型专利来制造的，从而可以认定该产品侵犯了该实用新型专利权。

在对侵权人发出警告或者提起诉讼之前，实用新型的所有权人必须提供由专利机构做出的评估报告。

申请人和利害关系人有权请求对实用新型申请进行信息检索，以确定最新技术发展水平，并与实用新型的新颖性评估进行比较。信息检索和提供相关数据的顺序由白俄罗斯部长理事会决定。

在具有相同优先权日的相同发明和实用新型的欧亚专利和白俄罗斯专利属于不同专利权人的情况下，该实用新型只能在尊重所有专利权人的权利的情况下使用。

五、总结和建议

概括而言，白俄罗斯的实用新型制度只保护产品，具有授权要求低、获权手续较为简便、申请费用较低等特点。

其明显不同之处在于，白俄罗斯的实用新型不要求具备创造性，因而授权条件十分宽松，同时他人也难以以不具备创造性的理由挑战该专利权，从而导致其专利权较为稳固。

另外，获得授权的白俄罗斯实用新型不能直接用来向侵权人发出警告或提起诉讼，需要先向有关机关提出检索和评价请求，经有关机关确认其专利权成立之后，才能行使其权利。

此外，白俄罗斯的发明和实用新型可以应申请人的要求互相转换，其转换手续比较简便。

第十节 保加利亚实用新型

一、概述

保加利亚制定了一系列知识产权单行法律，其中包括1993年6月制定的《发明和实用新型专利登记法》（以下简称《专利法》）。该《专利法》规定了发明专利和实用新型专利两种专利，此后经过了多次修订。目前实施的是2012年最新修订的《发明与实用新型登记法》。

保加利亚加入了一系列与知识产权有关的国际组织和国际条约，例如，于1921年6月13日加入了《保护工业产权巴黎公约》，于1980年8月19日加入了《国际承认用于专利程序的微生物保存布达佩斯条约》，于1984年5月21日加入了《专利合作条约》，于1970年5月19日加入了世界知识产权组织。此外，保加利亚也是欧洲专利组织成员国。

保加利亚专利局（BPO）是保加利亚的专利行政机关，其设立和发展经过了较长的历史。保加利亚为了执行1921年7月8日议会颁布的《发明专利法》，在贸易、工业和劳工部内设立了工业产权局，开展专利授权和商标注册领域的活动。1944年9月9日之后，知识产权局被转移到工业部，并在1950年后转移到发明和合理化研究所。合理化研究所（INRA）由议会主席团第907号法令于1948年6月4日成立。1962年9月27日，INRA分为两个研究所。保加利亚专利局的前身是INRA，1993年6月1日《专利法》生效后更名为现名。

BPO的主要职能包括：审查和决定工业产权；授予发明专利和实用新型注册证书；授予工业品外观设计、商标、服务标志、原产地名称和其他保护工业产权证书；审理工业产权争议；在有关的政府间工业产权组织中代表该国，并在该领域开展国际合作，包括在工业产权检索和审查领域的合作；出版物和公告的发布以及专利文件的国际交换；建立和维护工业产权信息系统，提供工业产权信息服务；发布条例和指示以及编制专利局提供的活动和服务费用表的提案；维护国家受保护工业产权登记册；为公众提供信息，提高工业产权领域的意识，促进工业产权和创新活动的法律保护。

根据WIPO的统计，2007—2016年，保加利亚本国国民在保加利亚申请的发明专利数量基本上维持在每年250~300件，而同期，保加利亚国民在保加利亚的实用新型申请量从每年130件增加至450件。可见，实用新型相对发明专利不但申请量占比较大，而且近10年里呈现明显的上升趋势，甚至有超过发明专利申请量之势。这说明实用新型在保加利亚深受发明人的青睐。

下面简要介绍保加利亚的实用新型制度。

二、实体性规定

（一）保护客体

保加利亚《专利法》对于实用新型的概念没有直接的定义，而是从发明的保护客体中排除部分客体。保加利亚《专利法》规定，任何技术领域具有新颖性、创造性和工业实用性的发明均可被授予专利权。根据该条规定，发明专利所保护的是任何技术领域的产品和方法。同时，《专利法》规定，方法、化学物质、机器及应用不能被准予实用新型注册。即保加利亚实用新型的保护客体与我国基本相同，保护的是具有明确构造的产品。

不论是发明专利还是实用新型专利，以下客体均被排除在外：

1) 发现、科学理论和数学方法。

2) 美学工作结果。

3) 智力活动、游戏或商业活动的计划、规则和方法，以及计算机程序；信息演示的方式。

4) 处于形成和发育各阶段的人体，或仅仅是发现了其某种成分，包括基因序列或部分序列。但是，通过技术手段从人体分离出来的成分或基因的序列或部分序列可被授予发明专利，但不能被授予实用新型专利。

被发明和实用新型均排除在外的客体还有：

1) 违背社会秩序和道德，在商业上应用的以下发明。

①克隆人的方法。

②改变人体胚胎的遗传身份的方法。

③人体胚胎在工业或商业上的应用。

④改变动物遗传身份的方法，以及由该方法得到的动物，这种方法导致动物痛苦，而对于人或动物的健康没有医学效果。

⑤人或动物的治疗或手术方法，以及人或动物体上实施的诊断方法（不包括用于这类方法的产品，特别是物质或组合物）。

2) 动物或植物品种。

3) 获得动物或植物的基本上是生物学的方法。

（二）实体性要求

保加利亚的实用新型需要满足新颖性、创造性和工业实用性的要求。

新颖性的含义是：如果发明不构成现有技术的一部分，则该发明应被视为新发明。现有技术包括在提交日期或优先权日之前通过书面或口头描述，通过使用或以任何其他方式，在世界任何地方提供给公众的所有内容。现有技术还包括抵触申请，即他人在该实用新型的申请日或优先权日前提交，而在该申请日或优先权日后公布的所有的保加利亚国家申请、欧洲申请和指定保加利亚的国际专利申请。

在实用新型的申请日或优先权日之前 12 个月内，属于下列情况的公开不构成该实用新型的现有技术：

1）公开者是申请人或其受让人。

2）申请人或其受让人之外的第三人明显滥用导致的公开。

所谓创造性，是指如果本领域的技术人员不能基于现有技术而容易地认识到该技术，则该实用新型具备创造性。

工业实用性的含义是：如果发明可以在工业或农业的任何部门重复制造或使用，则应认为该发明易于工业应用。

(三) 保护期

实用新型注册的有效期是自申请之日起 4 年，可以连续延长两次，每次各 3 年。其有效性的总期限不得超过自提交申请之日起 10 年。

三、程序性规定

(一) 申请途径

保加利亚是《保护工业产权巴黎公约》成员国。外国申请人可以依据《巴黎公约》向保加利亚提交实用新型申请。依据《巴黎公约》在保加利亚申请实用新型时，可以不要求优先权，也可以要求一项或多项优先权。

保加利亚还是《专利合作条约》成员国，外国申请人可以由 PCT 途径提交专利申请，自国际申请日或优先权日起 31 个月进入保加利亚国家阶段，并选择要求实用新型保护。

此外，保加利亚还是《欧洲专利公约》成员国，所以，外国申请人可以通过 EPO 途径提出专利申请，并指定保加利亚，当该申请被撤回或视为撤回时，申请人可以将该 EPO 专利申请转换为保加利亚的实用新型申请。

保加利亚的实用新型申请可以享受一项或多项优先权。作为优先权基础的在先申请，其申请日应当在该在后申请的申请日之前的 12 个月之内，并且未要求过优先权。在要求多项优先权的情况下，该实用新型的优先权日是在先申请中最早的申请日。在先申请可以在保加利亚专利局提出，也可以在与保加利亚共同参加的国家条约的国家提出。申请人要求优先权时，应当在申请日起 2 个月内向 BPO 提交优先权声明，优先权声明应包含优先权的申请号、申请日和国家，并应缴纳优先权要求费。BPO 将在申请提交日起的 3 个月内确认优先权。如果没有在上述期限内提交优先权声明或没有交费，该优先权将不被确认。在该期限内，优先权的日期可以更改。

(二) 申请文件

申请人向 BPO 提交实用新型申请时，应当提交下列文件：

1) 注册请求书。

2) 实用新型说明书。

3) 附图（如果有的话）。

4) 权利要求书。

5) 摘要。

6) 支付申请费和审查费的证明文件。

根据情况，还有可能包括下列文件：

1) 委托书（当委托了工业产权代理人时）。

2) 优先权声明和优先权证明文件，以及缴纳了优先权要求费的证明文件。

3) 关于真正的发明人及确立申请权的声明（当申请人不是发明人时）。

上述文件应当以保加利亚语提交，优先权文件除外。

说明书应包含：发明所属的标题和技术领域；就申请人所知，现有技术引用其描述的文件；以本发明可以由本领域技术人员实施的方式清楚和充分地公开本发明的基本技术特征及其优点；附图的简要说明和本发明实施例的至少一个示例，以支持其工业实用性。

说明书、权利要求书和摘要应当提交 2 份。如果某些文件没有以保加利亚语提交，当申请人在申请日起 3 个月内补交了保加利亚语译文时，可将其申请日予以保留。这 3 个月的期限不可延长。

当 BPO 收到以下文件时，将确定该实用新型的申请日：

1）注册请求书，包括申请人的姓名、名称及地址、实用新型的标题。

2）实用新型的说明书。

3）附图（如果有的话）。

4）一项或多项权利要求。

（三）审查

在实用新型申请的提交日之后 1 个月内，如果该实用新型申请的申请人是保加利亚的个人或单位，BPO 将进行保密审查，确定该申请是否为保密申请；如果申请人是外国的个人或单位，BPO 将进行文件形式审查。如果审查员经审查发现存在缺陷，将通知申请人在 1 个月内补正。如果申请人未在规定期限内补正，或其不争或争辩不成立，该申请的审查程序将被终止。

如果申请人没有按时足额缴纳有关费用，该申请将被视为撤回。

形式审查合格之后，审查员将对该实用新型申请的客体、实用性等部分问题进行审查。如果没有发现问题，或经申请修改申请文件或陈述意见，解决了审查员所指出的问题，审查员将通知该实用新型准予注册，并要求申请人缴纳规定的费用。

申请人提出请求，并缴纳相应的检索费后，BPO 将对该实用新型进行现有技术检索。在该实用新型注册的有效期内，任何人均可以请求现有技术检索并缴纳相应的检索费。BPO 在收到检索请求后的 3 个月内撰写检索报告，并将所发现的文献送达请求人。检索请求人在缴纳审查费并提供上述检索报告的前提下，可以请求对该实用新型进行实质审查。

(四) 授权后程序

注册的实用性可以被撤销，前提是该实用新型存在以下情形：

1) 该实用新型不具备新颖性、创造性和实用性。
2) 该实用新型不属于被保护的客体。
3) 该实用新型的公开内容不充分，致使本领域的技术人员不能实施。
4) 该实用新型的主题超出了其基础申请（原始提交的申请、母案、转换而来的申请等）。

如果注册的实用新型仅部分存在上述问题，则它可以被部分撤销。

撤销之后的实用新型被视为自始即不存在。

如果实用新型的所有权人无权获得该实用新型，则法院可以撤销该实用新型。有权获得该实用新型的人可以请求法院判令，将该实用新型注册在其名下。

(五) 费用

在 BPO 提交实用新型所需缴纳的费用包括申请费、注册费、授权登记费、公布费、延期费等。如果申请人是发明人本人，或者是《中小企业法》规定的微型或小型企业、公立学校、国家高等教育机构或由国家预算资助的研究组织，则上述费用可以减缴。

如果上述费用未完全支付，则被视为未支付。专利局可以分别给予申请人或专利权人机会，只有在法律规定的期限内可以付款的情况下，才能支付剩余的应付费用。

为了有利于申请人的利益，BPO 对收费已做出多次调整，几乎

90%的费用（包括专利、实用新型、工业品外观设计和商标的费用）均有所下调，其目的是促进该国的知识产权保护。尽管下调幅度较小（5~25欧元），但是总体费用至少降低了20%。

此外，BPO还提出了几项必要的修订。其中一项便是有利于拥有多项独立权利要求的申请人。例如，已获授权的实用新型的公开费用几乎不变，这意味着如果申请人的独立权利要求超过5项，则其不需要支付额外的费用。另外，保加利亚财政部目前正考虑废除对企业征收专利税，仅保留对自然人征收专利税。

表3-1是保加利亚实用新型部分项目的官费及代理费，仅供参考。

表3-1 保加利亚实用新型相关费用

编号	项目	官费（欧元）	代理费（欧元）
1	申请费	21	400
2	形式审查	92	—
3	要求优先权（每项）	11	20
4	实质审查	92	—
5	注册	41	80
6	颁证	23	—
7	公布： a) 10页以下 b) 10页以上，每页	41 6	— —
8	翻译（每100词）： a) 英语—保加利亚语 b) 保加利亚语—英语	10 15	— —
9	注册期延长： 第5年到第7年 第8年到第10年	154 205	80 80

（六）代理

保加利亚本国申请人或专利权人在BPO办理各种事务时，可以由本人进行，也可以委托在保加利亚商务部注册的工业产权代理人代理。

在保加利亚没有永久住所或主要营业所的申请人或专利权人在 BPO 办理各种事务时，需要委托保加利亚的工业产权代理人代理。

在法庭上代理与专利有关的专利诉讼时，应依照保加利亚民事诉讼法有关代理的规定进行。

四、保护

根据保加利亚《专利法》，经注册的实用新型的权利人享有独占性权利。未经实用新型的权利人同意而实施该实用新型所保护的技术方案属于侵权行为。侵犯实用新型独占权的行为包括：许诺销售由他人制造的实用新型主题的产品；以实施为目的销售或储存实用新型主题的产品。

除非另有约定，实用新型的权利人或其独占被许可人可以提出侵权诉讼。当实用新型由多人共有时，没有共有权利人均有权单独提出侵权诉讼。

实用新型专有权的保护不及于非商业目的的个人使用、科学实验或研究目的的使用、临时过境的交通工具上的使用。

侵犯实用新型专有权的争议由索菲亚市法院管辖。当被告对涉诉实用新型提出撤销请求时，法院应当中止审理该侵权诉讼。当最终做出撤销决定后，应原告的请求，法院将重新启动该案的审理程序。

注册的实用新型权利人还可以向保加利亚海关提出书面申请，请求对其实用新型的产品提供海关保护。

五、总结和建议

总体来看，保加利亚实用新型制度与中国实用新型制度的相似度很高，特别是在保护客体、实体性要求、保护期限方面几乎没有什么区别。其保护客体为有明确结构的产品，实体性要求均为具有新颖性、创造性和实用性,并且新颖性和创造性的判断基准均为全世界范围公开的技术。保护期限为10年,先给予4年的保护期,然后可以请求延长两次,每次3年。保加利亚的权利人若想延长保护,需要另外提出请求,手续较多,略有不便。

保加利亚的实用新型可以应任何人的请求,进行检索和实质审查。因此,保加利亚的审查制度有利于申请人或利害关系人对实用新型的权利稳定性进行预判,从而增加己方商业策略的灵活性。

第十一节 摩尔多瓦短期专利

一、概述

摩尔多瓦知识产权法律体系中的"发明专利(Patent for Invention)"相当于我国的发明专利,而"短期专利(Short-term Patent)"则相当于我国的实用新型专利。摩尔多瓦现行的《专利法》于2008年3月颁布。

摩尔多瓦是世界知识产权组织的成员,遵守《巴黎公约》《专利合作条约》等规定的责任和义务。

摩尔多瓦负责专利保护的部门是摩尔多瓦国家知识产权局(AGEPI)。

摩尔多瓦自1991年宣布独立之后经济发展缓慢、工业基础薄弱,但由于苏联时期的基础较好,在一些领域具有一定的创新能力,但其专利申请活动不算活跃,近年来呈下降趋势。根据WIPO的统计,2007—2016年,摩尔多瓦的发明专利申请量从每年347件下降到了91件,降幅约达3/4,而同期摩尔多瓦的短期专利申请量曾从2007年的26件增加到2009年的234件,此后一路下滑,到2016年下降至154件。

下面简要介绍摩尔多瓦的短期专利制度。

二、实体性规定

（一）保护客体

在摩尔多瓦，短期专利的保护对象是除生物材料、化学物质及药品以外的所有产品发明以及除化学物质及药物制备方法以外的所有方法。

短期专利的保护不适用于：发现、科学理论和数学方法；美学创作；智力活动、游戏或商业活动的方案、规则和方法；信息的表达；计算机程序；违反公共秩序或道德的发明，包括危害人类、动植物生命或健康的发明以及严重危害环境的发明；动物和植物品种；主要用于制造植物或动物的生物方法，但是不排除微生物处理或其产品；涉及人体的发明（例如，克隆人的方法，改变人体生殖细胞遗传同一性的方法，基于工商业目的使用人体胚胎、改变动物遗传同一性的方法等）。

（二）实体性要求

摩尔多瓦的短期专利需满足三个实体性条件：新颖性、创造性和工业实用性。

新颖性的含义是，如果短期专利的主题不属于现有技术的一部分，则认为它是新的。此处的现有技术包括在申请日以前能够通过书面记载或口头描述，使用或者以任何其他方式被公开获得的任何内容。对于保护期限在6年内的短期专利，其新颖性标准为本国新颖性，仅相对于本国公开及公众使用进行审查。而对于延长保护期的短期专利，其新颖性的审查标准为绝对新颖性，即针对世界范围的公开和公众使用进行审查。

如果在短期专利的申请日前6个月内，申请人公开发表或公开使用了该短期专利，申请人的这些行为不会使该短期专利申请丧失新颖性，此即不丧失新颖性的宽限期。

创造性是指，如果不能直接从现有技术得出该短期专利并且该短期专利具有技术优势或者实用优势，则认为该短期专利具备创造性。而其发明专利的创造性要求相对于现有技术来说，该发明专利对于本领域技术人员并非显而易见。

工业实用性是指，如果一项短期专利可以在包括农业在内的任何产业中制造或使用，则应当认为它具有工业实用性。

（三）保护期

摩尔多瓦短期专利的保护期限自申请日起计算6年。自申请日起不早于1年并且不晚于保护期结束之前6个月，专利所有人可以向AGEPI提出延长保护期限的请求，延长期限不超过4年。若提交延期请求，则需请求AGEPI对于现有技术进行检索并出具对该短期专利的专利性的意见，还要缴纳相关费用。

三、程序性规定

（一）申请途径

外国人在摩尔多瓦申请短期专利，一般有以下途径：

1)《巴黎公约》途径。《巴黎公约》成员国的外国申请人可以依《巴黎公约》途径，直接在摩尔多瓦提出短期专利申请。直接在摩尔多瓦提出短期专利申请时，申请人可以要求一项或多项优先权。

2) 欧亚专利途径。《欧亚专利公约》协约国的外国申请人可以依《欧亚专利公约》在摩尔多瓦提出短期专利申请。

3) PCT途径。申请人也可以先提出PCT专利申请，自最早的优先权日起31个月内进入摩尔多瓦国家阶段，请求获得短期专利保护。

4) 欧洲专利途径。自2015年11月1日开始，欧洲发明专利的效力及于摩尔多瓦，其生效是基于申请人的请求而发生的。该途径的要点如下：

①时间限制：不早于2015年11月1日提交的欧洲发明专利申请

或国际申请将被默认为提起了在摩尔多瓦生效的请求。前述规则不适用于申请日早于 2015 年 11 月 1 日的欧洲发明专利申请或欧洲发明专利。

②费用信息：请求在摩尔多瓦生效的官费为 200 欧元。在直接申请的情况下，该项费用需在欧洲检索报告公布之日起 6 个月内向欧专局缴纳；在 EPO-PCT 途径下，则需在 PCT 申请进入欧洲阶段期限届满之前向欧专局缴纳。在未缴纳指定国家费但符合提起继续处理程序的条件的情况下，前述请求在摩尔多瓦生效的官费可以在提起继续处理请求时随指定国家费一并缴纳。如果该笔官费未能按时缴纳，则在摩尔多瓦生效的请求将被视为撤回。

③效力：一件在摩尔多瓦成功生效后的欧洲发明专利将与一件摩尔多瓦国内专利享有同等的权利并获得同样的法律保护。

经 EPO 途径获得授权的专利申请，可以在摩尔多瓦转换为短期专利，经 EPO 途径被驳回的专利申请，可以在摩尔多瓦转换为短期专利申请。

根据《巴黎公约》，短期专利可以享受本国或外国优先权。优先权的基础可以是短期专利，也可以是发明专利。自发明专利或短期专利首次在摩尔多瓦或其他国家提出申请之日起 12 个月内，申请人就同一发明申请短期专利的，可以享有优先权。

与中国不同的是，摩尔多瓦的优先权声明可以在提出在后申请的同时提出，也可以在在后申请的申请日起 2 个月内提出。此外，申请人还可以通过递交申请并缴纳相应的费用来要求改正或增加优先权，提出这一请求的期限是自优先权之日起 16 个月内，但是要在本申请的申请之日起 4 个月以内。

摩尔多瓦的短期专利申请还可以享有展览会优先权。申请人在国内或者国外展览会上展览其发明，并在该发明第一次展出之日起 6 个月内提出短期专利申请的，可以主张展览会优先权。此处的展览会应是《巴黎公约》缔约国或者 WTO 成员组织的展览会。

在摩尔多瓦，在申请提交后，根据申请人的申请，仍然可以转换申请类型。发明专利在授权决定公布之前或者最晚在发明申请被驳回之日起2个月内，申请人可以递交将发明专利转换为短期专利的请求。短期专利在授权决定之前可以应申请人的请求转换为发明专利。转换前的申请的申请日或者优先权日适用于转换后的申请。

在摩尔多瓦，同一发明可以由申请人在同一天作为发明专利和短期专利两种申请提交。如果申请人对同一发明同时提交了发明专利和短期专利两种申请，在发明专利被授权之时短期专利申请被视为自始无效；如果发明专利授权之时，短期专利申请正在进行审查，则自发明专利授权之日起短期专利申请被视为撤回。

（二）申请文件

申请短期专利时，应当提交AGEPI规定的请求表，请求表中应按规定填写申请人姓名或名称、短期专利名称、希望获得短期专利注册的声明、代理人信息等。

短期专利的申请文件包括权利要求书、说明书和附图（如有必要）。权利要求书中可以包括一项或多项权利要求。在包括多项独立权利要求的情况下，这些独立权利要求之间应当具备单一性。

此外，在摩尔多瓦，可以在说明书中加入在先申请的援引内容，援引内容的加入期限为本申请的递交之日起4个月内。

除请求书外，申请时可以采用任何语言，但应当在申请日起3个月内补交摩尔多瓦语译文。优先权文件、在先申请文件一般无须提交译文，不属于申请文件组成部分的内容（如参考文件、证明文件等）一般也无须提交译文，但在审查员要求提交译文时，申请人应当提交译文。

AGEPI既接受纸件形式的短期专利申请，也接受电子形式的短期专利申请。

（三）审查

AGEPI 对短期专利的审查，不仅要看形式上是否满足保护的要求，同时还要审查要求保护的客体是否属于短期专利保护的客体，以及是否属于被短期专利法排除的客体。

对于请求延长保护期限到 10 年的短期专利，需要进行实质审查。任何人都可以请求 AGEPI 对短期专利进行实质审查。在实质审查过程中，AGEPI 会对现有技术进行检索，检索范围包括本申请的申请日之前公开的 AGEPI 申请，生效的欧洲专利/专利申请、欧亚申请/欧亚专利及申请日之前可以被公众获得的公知常识，从而判断其是否具备新颖性和创造性。

在摩尔多瓦，短期专利从申请之日到注册大概需要 1 年的时间。

（四）授权后程序

任何人都可以以如下理由向 AGEPI 提出撤销短期专利的请求：

1) 短期专利的主题属于被排除授权的发明主题，或缺乏新颖性、创造性或实用性。

2) 短期专利未能以由本领域技术人员实施的程度充分清楚详尽地公开。

3) 短期专利的主题超出了申请文件的范围。

4) 专利授予的保护范围扩大。

5) 专利所有权人并非应获得专利的人。

提出撤销请求需缴纳费用，并且以书面形式提交撤销的理由和证据。

（五）代理

在摩尔多瓦的专利法中没有规定外国人是否需要通过本国代理进行与专利相关的法律事务。而根据本国其他法律规定则需要本国代理来进行。

四、保护

短期专利所有者在整个期限内有利用发明的专有权。所有权人中的任何人有权利阻止第三方在摩尔多瓦境内进行下列行为：a）为受保护产品的目的制造、销售、贩卖、使用、进口或为这些目的进行库存；b）未经专利所有人同意使用作为专利主体的方法，提供该方法供使用。当发生这些行为时，短期专利的所有权人可以向法院提起诉讼。

在提起诉讼时，专利权人需提供官方出具的可专利性评价报告。

五、总结和建议

在摩尔多瓦，所有能被发明专利保护的客体也同样能被短期专利保护，因此产品、方法皆可申请短期专利。

另外，同一发明可以由申请人在同一天作为发明专利和短期专利两种申请提交。如果申请人对同一发明同时提交了发明专利和短期专利两种申请，在发明专利被授权之时短期专利申请视为自始无效，如果发明专利授权之时，短期专利申请正在进行审查，则从发明专利授权之日起短期专利申请视为撤回。

而且，在摩尔多瓦，发明专利申请和短期专利申请在公布之前以及授权/注册之前可以互相转换，申请人可以根据对现有技术的掌握情况，灵活转换专利申请的类型。

第十二节 乌克兰实用新型

一、概述

乌克兰于1993年12月15日起实施第3687-XII号《保护发明和实用新型权利法》(2003年5月22日颁布,同年6月25日实施最新修正案,OJU第35号,第271条),对获得和行使发明和实用新型相关权利做出了相关规定。

乌克兰是世界知识产权组织的成员,也是世贸组织成员,还是《保护工业产权巴黎公约》和《专利合作条约》的签署国。

根据WIPO的统计,2007—2016年,乌克兰知识产权局受理的实用新型专利申请数量平均每年达1万件左右,与发达国家日本处于相同水平。但是来自国外的实用新型专利申请每年只有一二百件,这可能是由于选择进入乌克兰的外国专利申请多是重要的专利申请,实用新型未经实质审查而权利不稳定,因此外国人倾向于选择发明专利申请。

乌克兰知识产权局隶属于乌克兰经济和贸易部,负责专利、实用新型、外观设计等的受理、审查、注册和撤销等行政事务。乌克兰知识产权局总部设于乌克兰首都基辅。

下面简要介绍乌克兰的实用新型制度。

二、实体性规定

(一)保护客体

在乌克兰,实用新型的保护对象与发明专利相同,涉及产品(包括装置、组合物、物质、微生物菌株)、方法以及已知方法或产品的新用途。需注意的是，实用新型的保护不适用于：植物品种和动物品种，在生物学基础上和不属于非生物和微生物方法的植物和动物繁殖方法，集成电路布图，艺术创作的结果，科学发现、理论和数学方法，计算机程序，实施经济和智力活动的方法。

乌克兰的实用新型的保护客体与中国有很大区别。中国专利法规定，实用新型是指对产品的形状、构造或者其结合所提出的适于实用的新的技术方案。中国的实用新型的保护客体不包括各种方法和产品的用途，只保护其形状、构造在视觉上能辨识的产品。

乌克兰实用新型的保护客体与中国实用新型的保护客体也有相同点。两者均不保护植物品种和动物品种，在生物学基础上不属于非生物和微生物方法的植物和动物繁殖方法，集成电路布图，艺术创作的结果，科学发现、理论和数学方法，计算机程序，实施经济和智力活动的方法。

（二）实体性要求

乌克兰的实用新型需满足两个实体性条件：新颖性、工业实用性。另外还要求单一性。

如果实用新型的主题不属于现有技术的一部分，则认为它是新颖的。此处的现有技术包括在申请日或优先权日以前在世界范围内公开的所有信息。可见，乌克兰实用新型与发明专利均采用的是绝对新颖性标准。

如果在实用新型的申请日前12个月内，申请人公开发表或公开使用了该实用新型，申请人的这些行为不会使该实用新型申请丧失新颖性，此即不丧失新颖性的宽限期。

如果一项实用新型的主题可以在工业或其他活动领域使用，则应当认为它具有工业实用性。

乌克兰实用新型并不要求创造性。

（三）保护期

乌克兰实用新型的保护期限自申请日起计算 10 年。专利权自授权注册日生效。保护期限不可延长。

三、程序性规定

（一）申请途径

《巴黎公约》成员国的外国申请人可以依《巴黎公约》途径，直接在乌克兰提出实用新型申请。直接在乌克兰提出实用新型申请时，申请人可以要求一项或多项优先权。

申请人也可以先提出 PCT 专利申请，自最早的优先权日起 30 个月内进入乌克兰国家阶段，请求获得实用新型保护。

根据《巴黎公约》，实用新型可以享受本国或外国优先权。优先权的基础可以是实用新型，也可以是发明专利。自发明专利或实用新型首次在乌克兰或其他国家提出申请之日起 12 个月内，申请人就同一发明申请实用新型的，可以享有优先权。

根据 PCT 提交专利申请后，可以在优先权日起 31 个月以内进入乌克兰国家阶段，选择保护实用新型。

（二）申请文件

递交实用新型申请时，应当提交以下文件。

1) 请求书。请求表中应按规定填写申请人名称、住址，代理人姓名和住址；如果要求优先权，则需要填写国名、申请递交的时间、申请号。

2) 申请文件（说明书、权利要求书、摘要等）。

3) 附图（附图并非申请时必需的文件）。

4) 申请人签证盖章的委托书（可自申请日起 2 个月内提供）。

5）优先权证明文件（如果有的话，可自申请日起 3 个月内提供）。

6）支付官方费用的汇款凭证（可自申请日起 2 个月内提供）。

通过 PCT 途径递交实用新型申请时，应当提交以下文件：

1）国际申请时的说明书、权利要求、附图说明。

2）PCT 第 19 条补正书和意见陈述书（如果有）。

3）PCT 第 34 条补正书等（如果有）。

乌克兰专利申请文件应以乌克兰语提交（翻译件可自申请日起 2 个月内提交）。

（三）审查

乌克兰实用新型申请递交完成后 2~3 个月内经历形式审查。如果申请人按照要求提交了所有的必要文件且符合要求，则发出授权决定。乌克兰实用新型申请不经过实质审查。审查单位不对新颖性进行审查，在授权前不做检索。缴纳公布和注册费用后，颁发专利证书。收到授权决定后 3 个月内缴纳规定的费用。一般而言，乌克兰实用新型注册需要花费 8~10 个月的时间。

实用新型审查流程大体如下：

实用新型申请递交后，乌克兰专利局进行形式审查和单一性审查。单一性是指实用新型申请只能涉及一个实用新型技术方案。在乌克兰，实用新型的单一性与发明专利的单一性不同。发明专利中，共同拥有一个技术思想的一组技术方案被视为具有单一性。而发明专利申请可以具有多项独立权利要求，但是实用新型申请只能具有一项独立权利要求。

如果实用新型申请满足形式要求和单一性要求，则乌克兰专利局做出授权决定。如果实用新型申请不满足形式要求或单一性要求，则乌克兰专利局要求申请人补正。如果实用新型申请补正后满足形式要求或单一性要求，则乌克兰专利局做出授权决定。如果申请人未补正或补正后依然不满足形式要求和单一性要求，则乌克兰专利局做出驳回决定。

申请人可以在收到乌克兰知识产权局审查过程中做出的任何决定之后 6 个月内向复审委员会提出复审请求。乌克兰复审委员会按照规定应当在 4 个月内做出复审决定。

复审请求人收到复审决定之后可以在 1 个月内提出答辩意见。复审委员会针对答辩意见做出的决定将是最终决定。对于最终决定，只能由法院撤回。

复审请求人可以在收到复审决定后 6 个月提起诉讼。

（四）授权后程序

任何人可以基于如下理由向法院提出撤销授权实用新型专利的请求。

1）实用新型专利不符合乌克兰《保护发明和实用新型权利法》第 7 条规定的专利性要求。

2）授权权利要求包括了未记载在提交的申请文件中的技术方案的特征。

3）未遵守乌克兰《保护发明和实用新型权利法》第 37 条第 2 款规定的义务。

任何人可以在缴纳相关费用的情况下对已授权实用新型专利提出合格性审查（Qualifying Examination）请求，以确定其是否符合专利性要求。

（五）费用

表 3-2 是相关费用表，单位为乌克兰货币格里夫纳（UAH）。

表 3-2　乌克兰实用新型费用表

（单位：UAH）

申请费	800
权利要求超项费（权利要求第 4 项起每项）	800
说明书等的主动补正费用	800
申请类型变更费用（由实用新型变更为发明专利）	400
公开费	200
说明书超页费（第 16 页起每页）	10
申请补充、补正手续费	800
专利办登费	100 美元（只能支付美元）
年金	
・第 1 年度~第 2 年度	300（每年）
・第 3 年度	400
・第 4 年度	500
・第 5 年度	600
・第 6 年度	700
・第 7 年度	800
・第 8 年度	900
・第 9 年度~第 10 年度	2100（每年）

（六）代理

在乌克兰没有住所或营业所的申请人，必须委托在乌克兰有办事机构的在乌克兰注册的专利代理人作为代理人，才能在乌克兰知识产权局办理各项事务。

四、保护

乌克兰已经成为 WTO 成员，签署了《与贸易有关的知识产权协定》（TRIPs），因此其对实用新型的保护满足 TRIPs 协定。

另外，乌克兰《刑法典》第 177 条：侵犯工业产权罪还规定了侵犯知识产权的刑事罪。

1) 非法使用发明、实用新型、外观设计、微电子集成电路布图、植物新品种并造成重大经济损失，应当处以税前工资的 100~400 倍的罚款，或最高 2 年的劳动教养，并没收非法制造的产品与设备。

2) 同前款行为，但造成特别重大的经济损失的，应当处以税前工资的 200~800 倍的罚款，或最高 2 年的劳动教养或有期徒刑，并没收非法制造的产品与设备。

五、总结和建议

向乌克兰提交的外国专利申请本身件数就不多。决定向乌克兰提交专利申请时，应当考虑是采用发明专利申请还是实用新型专利申请。实用新型专利申请不经过实质审查，权利稳定性尚不确定，权利要求的存续时间也短，因此对于比较重要的发明创造，申请人在申请前需要认真考虑专利申请的类型选择。

另外，对于创新性高度可能不足的发明创造，由于乌克兰实用新型专利与发明专利保护的客体相同（特别是，"方法以及已知方法或产品的新用途"也是乌克兰实用新型的保护客体），而且相比于发明专利，只要求新颖性，不要求创造性，因此可以考虑采用实用新型保护。

第十三节 匈牙利实用新型

一、概述

匈牙利最早的专利法颁布于 1895 年。匈牙利自 1909 年就是《保护工业产权巴黎公约》的成员国，并且加入了大多数的为保护工业产权而建立的国际条约，1980 年加入了《专利合作条约》。匈牙利自 2003 年 1 月 1

日起成为欧洲专利组织成员国。

匈牙利知识产权法律体系中的"专利"相当于我国的发明专利，而"实用新型"则相当于我国的实用新型专利。匈牙利的《专利法》和《实用新型法》系单独立法。匈牙利的《实用新型法》于1991年国会通过、1992年实施，现行的《实用新型法》是2018年1月1日起实施的修订版。

实用新型保护是对没有达到发明专利程度的新技术方案的保护，权利人拥有实用新型专有实施权或者许可他人实施权。实用新型体系提供了一种廉价、高效地保护知识产权的措施，长期以来，一直受到发明人的青睐。

匈牙利知识产权局（HIPO）的前身是匈牙利专利局，该专利局作为负责知识产权保护的政府主管部门，于1896年根据1895年的《专利法》建立，2011年1月1日依法改为现名。其总部设在首都布达佩斯。

HIPO的主要职能包括参与工业产权立法工作，对国内和国外的专利（相当于中国的发明）、实用新型、工业品外观设计、集成电路布图设计、商标、地理标记申请进行审查，对这些类型的保护申请进行授权和注册，并且还在工业产权方面进行文献和信息方面的活动。根据2001年匈牙利政府第86/2000号法令，其职能又新增加了负责版权工作。

根据WIPO的统计，2007—2016年，匈牙利本国居民的实用新型申请量为每年200~280件，占同期发明专利申请量的1/3左右。同期，外国人在匈牙利的实用新型申请量为每年20~30件，匈牙利人向国外的实用新型申请量约为每年十几件到几十件左右，且近年来有下降趋势。

下面简要介绍匈牙利的实用新型制度。

二、实体性规定

(一) 保护客体

匈牙利 1991 年《实用新型法》规定，涉及产品的构造（configuration）、结构（construction）或部件的布置（arrangement）的任何技术方案均可受实用新型保护。根据该规定，由几个相互连接的装置组成的设备和系统可以作为实用新型的保护客体。

在匈牙利，实用新型必须是可触知的、有确定形状的物品，因而粉末和液体不被实用新型保护。实用新型也不能被授予产品的美学设计、植物品种、化学产品、化学组成及其生产技术方法不能作为实用新型的保护客体。

(二) 实体性要求

与发明专利一样，匈牙利实用新型授权程序由 HIPO 实施。匈牙利的实用新型需满足三个实体性条件：新颖性、创造性和实用性。

如果实用新型的主题不属于现有技术的一部分，则认为它是新颖的。此处的现有技术包括在申请日以前记载于出版物的技术，或在世界范围内公开使用或者能够公开获得的任何知识。另外，根据匈牙利《实用新型法》第 2 条第 3 款的规定，在匈牙利国内申请的发明专利或实用新型，如果其优先权日早于本申请的优先权日，且在本申请的优先权日之后公开的，也被视为现有技术的一部分，相当于中国专利法中的"抵触申请"的概念。可见，匈牙利实用新型采用的是绝对新颖性标准。由于匈牙利的发明专利也采用的是绝对新颖性标准，故实用新型的新颖性标准与发明专利的新颖性标准相同。

在评价新颖性时，在申请的优先权日之前的 6 个月内的书面描述或者公开使用，如果是经过申请人或原权利人同意的，或者是由于申请人或原权利人的权利的滥用的，则该内容不构成现有技术，即无损公开。

创造性即非显而易见性。如果相对于上述现有技术，本发明对于本领域的技工来说不是显而易见的，则该实用新型具备创造性。其中，所述的现有技术不包括第 2 条第 3 款所规定的那部分现有技术（即抵触申请），也就是说，抵触申请不用于评价实用新型的创造性（参见匈牙利《实用新型法》第 3 条第 2 款的规定）。如果现有技术有多个来源，或者部分或全部是外文来源，则这些现有技术不能用来评价实用新型的创造性（参见匈牙利《实用新型法》第 3 条第 1 款的第 2 句）。另外，在匈牙利《实用新型法》中，创造性的评价主体是知识和技能较低的技工（skilled craftsman），而非作为专利创造性判断主体的所属领域的技术人员（person skilled in the art）。可见，实用新型的创造性的高度低于发明专利的创造性的高度。

如果一项实用新型可以在包括农业在内的任何产业中被使用，则应当认为它具有工业实用性。

(三) 保护期

匈牙利实用新型的保护期限自申请日起计算 10 年。

三、程序性规定

(一) 申请途径

《巴黎公约》成员国的外国申请人可以依《巴黎公约》途径，直接在匈牙利提出实用新型申请。直接在匈牙利提出实用新型申请时，申请人可以要求一项或多项优先权。

申请人也可以先提出 PCT 专利申请，自最早的优先权日起 30 个月内进入匈牙利国家阶段，请求获得实用新型保护。

根据《巴黎公约》，实用新型可以享受本国或外国优先权。优先权的基础可以是实用新型，也可以是发明专利。自发明专利或实用新型首次在匈牙利或其他国家提出申请之日起 12 个月内，申请人就同一发明申请实用新型的，可以享有优先权。

此外，如果满足欧洲专利申请的要求，那么在 12 个月的欧盟优先权（Union Priority）期间内，匈牙利的实用新型申请可以转化为欧洲专利申请（European Patent Application）。

（二）申请文件

申请实用新型时，应当提交 HIPO 规定的请求表，请求表中应按规定填写申请人姓名或名称、实用新型名称、希望获得实用新型注册的声明、代理人信息等。

实用新型的申请文件包括权利要求书、说明书和必要的附图。权利要求书中可以包括一项或多项权利要求。在包括多项独立权利要求的情况下，这些独立权利要求之间应当具备单一性。说明书应当写明该实用新型的技术领域，有助于理解该实用新型的背景技术、技术问题、技术手段、技术效果以及至少一个实施方式。附图可以有多张，可以有附图标记，但不应有多余的文字。

除请求书外，申请时可以采用任何语言，但应当在申请日起 2 个月内补交匈牙利语译文。优先权文件、在先申请文件一般无须提交译文，不属于申请文件组成部分的内容（如参考文件、证明文件等）以及采用英语、法语、意大利语和西班牙语的申请文件一般也无须提交译文，但在审查员要求提交译文时，申请人应当提交译文。

HIPO 既接受纸件形式的实用新型申请，也接受电子形式的实用新型申请。

（三）审查

要获得实用新型授权，需要向 HIPO 提交申请和缴纳相关费用。HIPO 对实用新型申请进行形式审查和实质审查。但是，该实质审查不涉及新颖性和创造性的审查。

HIPO 对实用新型申请的审查在授权前只涉及以下几个方面：

1）申请主题是否属于实用新型。

2）申请主题是否具有实用性。

3）申请主题是否属于不予保护的主题。

4）申请是否符合发明单一性的要求。

5）所要求的优先权是否成立。

根据匈牙利《实用新型法》，对于实用新型申请的技术方案是否具有新颖性、创造性，及申请的说明书是否满足充分公开的要求的争议，在授权后的撤销程序中处理。

如果该申请满足法律所规定的要求，HIPO 将授予实用新型权；实用新型权须缴纳年费加以维持。

在授予实用新型权之后，其说明书和附图并不出版，但在正式宣布授予实用新型权之后允许公众查阅。在先前提交的专利或外观设计申请尚处于待批状态，或者被驳回之日起 3 个月内，或者因缺乏新颖性而被撤销之日起 3 个月内，但自申请日起还未到 10 年时，申请人可以就相同主题再提交一份实用新型申请，并依法要求优先权。不过，对同一主题的多种权利并行保护是不允许的，因此，如果一项申请被授权，则由该申请派生的其他申请或保护将被认为失效，并有追溯效力。

从实用新型的申请日起，注册程序平均在 1 年内完成。

（四）授权后程序

实用新型授权后，对于没有满足法律规定的实用新型，任何人都可以支付相关费用并请求撤销实用新型权。

一般来讲，HIPO 在决定是否废除或者限制实用新型保护或驳回申请者的要求时，要组成 3 人合议组进行听审并做出书面决定，所需费用由败诉一方承担。利害关系人也可向 HIPO 请求确认不侵权并缴纳相关费用，HIPO 组成 3 人合议组进行听审后做出书面决定，确认申请人制造的产品或者采取的步骤是否存在侵权行为。另外，一旦对实用新型的解释提出任何问题，HIPO 将在法院或者其他授权的要求下，组成 3 人合议组，给出专家意见，对实用新型的描述进行解释。

当事人对 HIPO 做出的关于授权、失效、撤销或不侵权确认等决定不服的，可依法请求法院复查。

(五) 费用

申请实用新型需缴纳申请费。直接申请时，匈牙利实用新型的官方申请费为 70 欧元，权利要求超项费为：第 11 项到第 20 项，每项 8 欧元；第 21 项到第 30 项，每项 16 欧元；第 31 项起，每项 23 欧元。PCT 途径申请时，进入国家阶段的费用为 70 欧元。

匈牙利专利代理人或律师代理实用新型申请的基础服务费为 400～600 欧元，英文翻译为匈牙利语的费用为 15～20 欧元/100 英文单词。根据案件情况的不同，会产生例如补交译文、权利要求超项服务费、授权通知转达费等方面的费用，此类费用从几欧元到数百欧元。

以上费用均为 2018 年的费用水平，供申请人参考。

(六) 代理

在匈牙利没有住所或营业所的申请人，必须委托匈牙利的专利代理人或律师作为代理人，才能在 HIPO 或匈牙利的法院进行各项事务。

四、保护

实用新型登记后，只有权利人有权实施该实用新型的主题。未经权利人的同意，任何人均不得制造、提供、销售、使用或者为上述目的而进口、储存属于该实用新型主题的产品。

实用新型专利权人的权利与《专利法》所规定的发明专利的专利权人的权利相同，并且侵权救济也相同。匈牙利《专利法》第 19 条规定，专利权人享有实施发明技术方案的专有权，禁止任何他人未经许可以下列方式使用：

1）制造、使用、销售、许诺销售专利产品，或为这些目的存储或进口专利产品。

2）明知或应知某一方法是他人的专利技术，不得擅自使用但仍然使用的。

3）擅自制造、使用、销售、许诺销售或为这些目的存储或进口以专利方法获得的产品。

4）明知或应知他人未经专利权人许可而实施其专利，但仍然为该人提供帮助或补给的（大宗供应商除外，除非其故意诱导客户侵权）。

专有实施权不及于私人非商业行为、实验、为获得市场主管机关审批按要求制造和提供必要样品、个别情况下在药房为了准备处方而使用；没有相反证据的，新产品很可能只能由专利方法制造而获得的，认定该产品的生产使用了专利方法。

五、总结和建议

概括而言，匈牙利实用新型具有获权较为容易且快速，获权方式多样，费用较低，维权手续直接、简便等优点。所以，我国申请人要想在匈牙利获得和运用实用新型，需要注意以下几点：

（1）确保获得稳定的权利

虽然匈牙利对实用新型申请的审查不涉及新颖性和创造性，但是，如果获得权利本身存在新颖性、创造性等实质性缺陷，则很容易导致权利被撤销。所以，在提出申请前，应预先进行充分的检索和评估，周密而细致地准备申请文件，尽量减少各种缺陷，确保获得稳定的权利。

（2）消除对国外法律事务的误解和恐惧，认真应对挑战

匈牙利《专利法》虽然与中国《专利法》有所差异，但并不是不可理解，甚至二者在专利法的法律框架下有很多相通之处。对于中国企业来说，应当消除对国外专利法的恐惧。一旦在国外遇到涉及撤销程序

或诉讼程序的争议，应该积极应对，借助有经验的国内代理机构和匈牙利当地事务所的帮助，合理地制定对策，冷静应对，而不应当置之不理，听天由命，这样，不仅会导致权利的丧失，还可能招致严重的经济损失。